U0344907

这是真实的生物世界

遗憾的进化

〔日〕今泉忠明 编　王雪 译

〔日〕下间文惠 德永明子 KAWAMURA FUYUMI 绘

南海出版公司

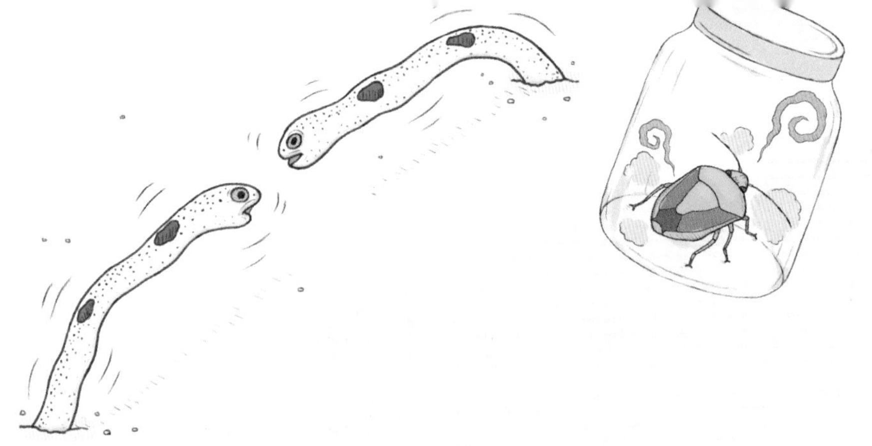

序

你知道地球上有多少种生物吗?

或许，没有人能够回答这个问题。

迄今为止，人类已发现的生物约有400万种，而且这一数字因为每天都有新物种被发现，还在不断被刷新。如果将人类尚未发现的生物也算入其中，说不定会多达数亿种。

生物的种类如此之多，其中自然有些物种拥有奇特的能力，比如可以返老还童、长生不老的灯塔水母等，它们的本领是人类无法企及的。

不过，另有一些生物却让人不禁想要探究它们“怎么会变成这样”。本书将为大家介

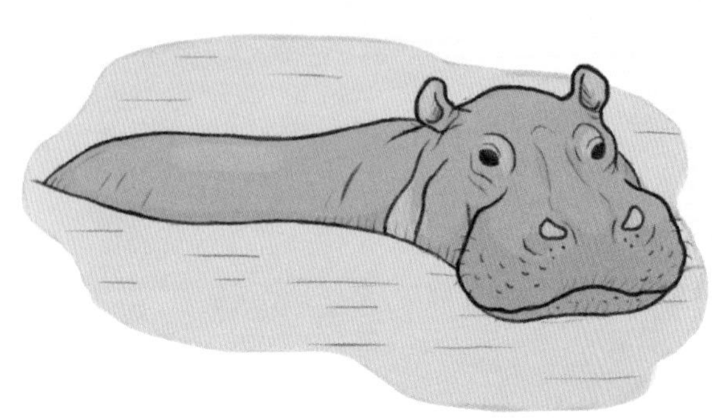

绍的，就是那些经过进化，结果却让人为之遗憾、忍俊不禁的生物。

当你阅读本书时，我衷心地希望你能一边笑着直呼这些生物“太有趣了”，一边思考“这究竟是为什么呢”。你会发现，了解生物真的是一件特别快乐的事。

今泉忠明

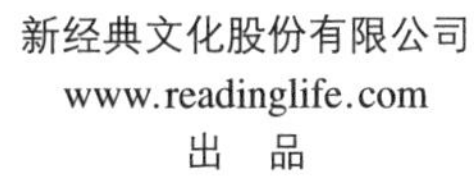
新经典文化股份有限公司
www.readinglife.com
出　品

目 录

第3章 让人遗憾的生活方式

第4章 让人遗憾的能力

翻页动画小剧场

※说明

本书每页介绍一种生物，标题中的动物名称多为一类生物的统称，“生物名片”部分介绍的中文名如若不同，则为该类生物中的典型物种。

第1章

关于进化，你要知道的事

在这个世界上，
为什么会有一些生物存在缺陷，让人心生遗憾？
答案的线索就藏在奇妙的“进化”之中。

什么是进化？

正在阅读这本书的各位同学，

你们非常了不起！

大家阅读时，

其实正在不自觉地运用着许多能力。

这些能力正是人类在长达400万年的

进化之旅中逐渐获得的。

所谓的“进化”，是指生物体的构造和

能力历经漫长的时间发生的变化。

请随我一起看下右页的例子。

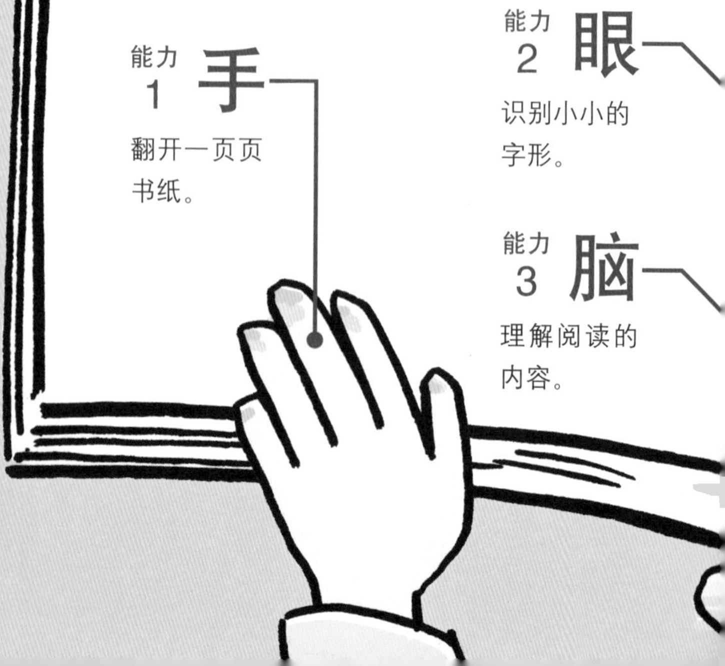

能力1 **手**

翻开一页页书纸。

能力2 **眼**

识别小小的字形。

能力3 **脑**

理解阅读的内容。

这就是进化！ 长颈鹿的进化

因为腿长，所以跑得快

长颈鹿的祖先中，偶然诞生了长腿小鹿。长腿在逃离肉食动物的利爪时发挥了重要的作用。

但是不方便喝水

长腿小鹿的数量逐渐增加，但喝水又成了难题，结果还是被抓住了！

于是，长颈鹿诞生了

又一次偶然，长脖子小鹿诞生了，于是喝水变得方便了。最后，长腿长脖子的小鹿活了下来。

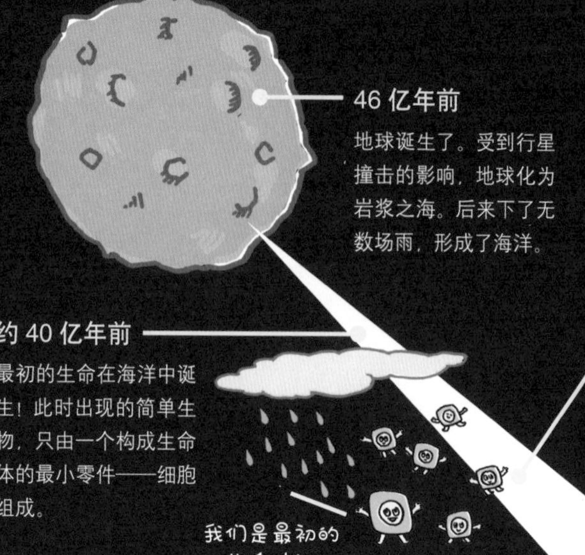

46 亿年前

地球诞生了。受到行星撞击的影响，地球化为岩浆之海。后来下了无数场雨，形成了海洋。

约 40 亿年前

最初的生命在海洋中诞生！此时出现的简单生物，只由一个构成生命体的最小零件——细胞组成。

20 亿年前

多细胞生物这种由多个细胞集合而成的复杂生物出现了。

一起来了解进化的历史吧！

狗、青鳉鱼、蟑螂、人类……地球上生活着各种各样的生物，这些生物的外表和生存方式截然不同。不过，一切生命都起源于约 40 亿年前出现的“细胞”。

细胞的诞生或许是个偶然，又或许它来自宇宙，我们无从得知。总之，细胞在适应地球环境变化的过程中，朝着不同的方向进化，于是各种各样的生物登场了。

27 亿年前

海洋中诞生了植物这种能够进行光合作用的生物，它们释放出大量的氧。

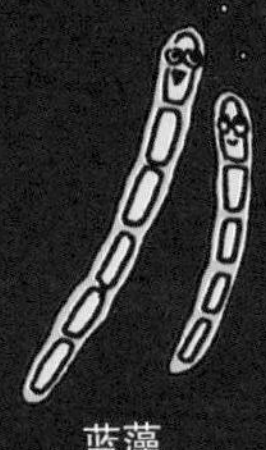

蓝藻

26 亿 5000 万～ 24 亿年前

整个地球冻结，几乎所有的生物都灭绝了。只有在火山附近等温暖的地方，一些生物得以幸存下来。

奇虾

卷曲藻

5 亿 4000 万年前

身体构造更加复杂的生物诞生了。

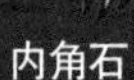

内角石

暴龙

2 亿 5000 万年前

恐龙终于登场！

剑龙

副鼠

400 万年前

人类的祖先诞生。

王雷兽

假熊猴

南方古猿

进化之路险峻崎岖

实际上，地球上曾经出现过的生物，迄今为止 99.9% 都已经消失了。

如果某种生物全部消失、没有一只存活下来，则称该物种“灭绝”。

明明好不容易进化了，为什么后来又灭绝了呢？让我们一起来看 3 个例子。

巨大的陨石撞击地球，导致尘云蔽日、气温骤冷。暴龙体温调节能力差，体温急剧下降，纷纷死亡，最终灭绝。

不飞鸟的身体庞大又强壮，但后来陆续出现的哺乳动物却以鸟蛋为食，幼鸟难以存活，最终走向灭绝。

尽管后来生存环境有所变化，但聪明的头脑和灵活的四肢始终可以派上用场。它们一边捕猎为食，一边保护自己免受天敌侵袭、繁衍后代，最终演化成今天的狮子。

即使身体构造和能力大大进化了，
如果环境突然剧变，动物也会走向灭绝。

那么，人类也会灭绝吗？

正如前文所说，一旦环境发生巨大的变化，就会有物种灭绝。

那么，人类最终也会走向灭绝吗？

坦率地说，如果环境发生了人类无法应对的变化，很可能会灭绝。

为避免悲剧发生，我们能做的就是爱护地球环境，防止它遭到严重地破坏。只有这样，人类才可能免遭厄运。

如果地球变得酷热无比……

进化是一条单行道

或许有的同学会想：如果人类既可以像鱼一样在水中呼吸，又能像爬行动物一样让体温随环境而变，那就可以应对各种环境变化了……

然而，这样的想法是无法实现的。进化是一条无法折返的单行道。人类既然从鱼类或爬行类的祖先进化而来，就无法返祖、重获曾经拥有的能力。

危机也会成为进化的契机?!

当环境发生剧变，陷入穷途末路的危机时……

如果具备一定的偶然因素，生物或许可以通过进化度过危机。

这究竟是怎么一回事?让我们一起听听关于某种蛾子的真实故事。

后来，不容易被发现的黑色蛾子越来越多。由白到黑的进化拯救了桦尺蠖！

在地球上得以幸存的秘诀

巨大的恐龙曾是地球的王者，

如今却一只也看不到了。

据说，拜从天而降的陨石所赐，

地球变得越来越寒冷，动植物纷纷死亡。

食物骤减，恐龙们饥寒交迫，渐渐走向灭绝。

无论是多么强大的生物，

当地球的环境发生剧变，也会迅速灭绝。

这就是残酷的自然法则。

没有人能预料，

地球会在什么时间发生怎样的变化，

只是运气吗？

也没有人能指引出正确的进化方向。

结果是幸存还是怎样，全凭运气。

本书中登场的生物，

都有让人感到遗憾的地方，

比如极其不便的身体、麻烦的生活方式、

鸡肋无用的能力等。

它们为什么会进化成这副令人惋惜的模样？

又是凭借怎样的好运幸存下来的？

试着思考一下，你会发现有趣的答案。

第2章

让人遗憾的身体

本章介绍的生物，

都会让你忍不住发问：

“它们的身体怎么会变成这样？”

翻页动画小剧场

谁在偷偷接近

散步中的小蚂蚁？

鸵鸟的脑子比眼睛小

鸵鸟是**世界上最大的鸟，全身各个部位的尺寸都超乎常规**。

鸵鸟从头到脚高约 2.4m，体重约 150kg，如此庞大的身躯毫无争议地位居鸟中第一。不仅如此，鸵鸟蛋重达 1.5kg，其中的蛋黄是世界上最大的单体细胞。自然，鸵鸟全身的各个部位都很大，即便是眼睛，直径也有 5cm，重达 60g，相当于鸡蛋的大小。

这样看来，**它们的脑子想必也很大吧？可实际上，鸵鸟的脑子重量只有** 40g，比眼睛还轻。虽然脑子聪不聪明并不是由脑子的大小决定的，但**鸵鸟的记忆力似乎的确很糟糕**。

生物名片

鸟类

- **中文名** 鸵鸟
- **栖息地** 非洲大草原
- **大小** 从头到脚高2.4m
- **特点** 鸟类中跑得最快，时速可达60km以上

河马的皮肤非常娇弱

河马给人以凶猛的印象，它们**决不允许其他生物闯入自己的地盘**。在非洲，每年有近3000人因河马的攻击而丧命。河马经常寻衅（xìn）打架，面对体型比自己还要庞大的大象或犀牛也毫不畏惧，因此有“**河马最强**”的传言。

如此强悍的河马，肌肤却格外娇嫩，连人类的婴儿也会自叹不如：“居然比本宝宝的皮肤还嫩！”**稍微晒晒日光浴，它们的皮肤就会皲裂**。

为此，河马白天一直泡在河水或沼泽中，到了夜晚才出来吃草。

生物名片

哺乳类

- **中文名** 河马
- **栖息地** 非洲的河流或沼泽
- **大小** 体长4m
- **特点** 通过喷洒粪便来标记领地

袋熊的便便是方形的

袋熊一旦遭遇敌袭，就会猛地把头扎入巢穴中，用屁股掩护身体，简直就是“**顾头不顾尾**”。这是因为它们屁股周围的皮很硬，就算被咬也不怕。不仅如此，它们有时甚至可以反守为攻，**将敌人的脑袋夹在屁股和巢穴的顶部之间**。

屁股如此厉害的袋熊，便便却像四四方方的骰子。似乎是因为圆圆的便便容易滚来滚去，用来标记领地不太方便。**虽然长着一张可爱的脸，袋熊对屁股却有种特别的执念**。

生物名片

哺乳类

- **中文名** 塔斯马尼亚袋熊
- **栖息地** 澳大利亚的草原或树林
- **大小** 体长1m
- **特点** 擅长挖洞

萤火虫大部分都不发光

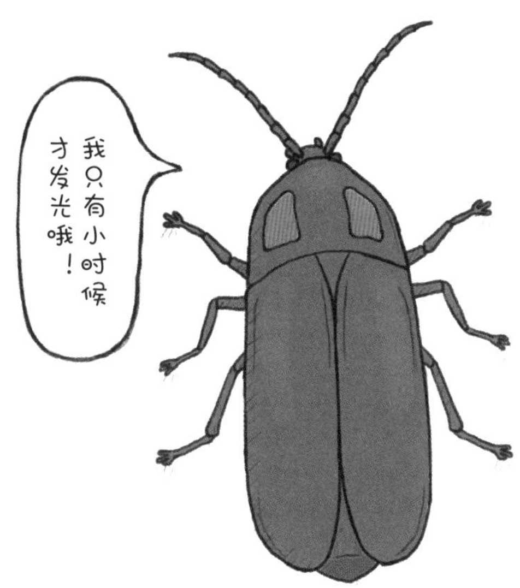

说到萤火虫，大家一定会联想到夜晚河畔萤光闪烁的美丽画面。其实，这萤光是黑暗中的萤火虫为寻找交配对象而发出的求偶信号。

不过，生活在日本的50多种萤火虫中，大约只有10种是会发光的。另外，**大部分萤火虫只在幼虫时发光，长大后便不再发光了**。

不发光的萤火虫多在白天活动，即使不发光，它们也能找到交配对象。**白天活动的萤火虫长得很像红黑色蟑螂**，和留在我们心中的唯美印象截然不同。

生物名片

昆虫类

- **中文名** 北方锯角萤
- **栖息地** 日本的森林
- **大小** 体长1cm
- **特点** 成虫白天活动，夜晚休息

土狼作为一种鬣狗，却长了一口烂牙

土狼是一种特别帅气的动物，拥有**间谍代号般的名字**和匀称潇洒的体型，无奈的是，**牙齿却稀稀拉拉的**。

土狼的牙齿之所以会如同蛀牙一般，是因为它们的主食——白蚁用舌头舔食即可，无须咀嚼。渐渐地，用不上的牙齿退化了，成年后，**甚至原有的 32 颗牙中还会脱落 8 颗**。

作为比狮子更优秀的猎人——斑鬣（liè）狗的同类，**土狼却是坚决不吃骨头等坚硬食物的**。

生物名片

哺乳类

■**中文名** 土狼

■**栖息地** 非洲大草原

■**大小** 体长70cm

■**特点** 每天要吃掉25万只白蚁

小提琴甲虫翅膀上的膜毫无意义

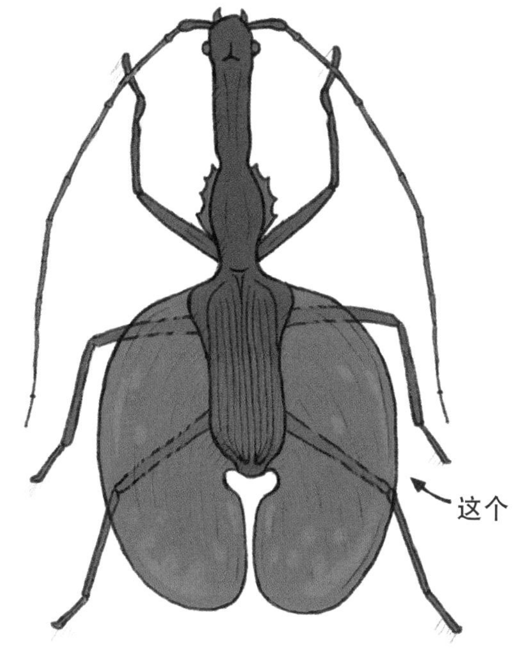

小提琴甲虫是一种前翅外侧长有一层褐色的膜、**看起来酷似小提琴**的昆虫。

实际上，这层膜毫无用处。小提琴甲虫体长 10cm 左右，背腹却仅有 5mm 厚，因而可以轻松地钻进树皮的缝隙中。显然，**没有这层膜的话，行动会更方便**。此外，小提琴甲虫用后翅（被硬化的前翅覆盖）飞翔，前翅的膜毫无助益。有种说法认为，这样便于伪装成落叶，但**这层膜具有黑褐色的光泽，反而使它变得显眼了**。

生物名片

昆虫类

- **中文名** 小提琴甲虫
- **栖息地** 印度尼西亚和马来西亚的森林
- **大小** 体长10cm
- **特点** 以聚集于多孔菌（一种真菌）上的虫子为食

鸭嘴兽像出汗一样分泌乳汁

鸭嘴兽虽然和昆虫、鸟儿一样产卵，但它和我们人类同为哺乳动物，像猫和狗一样用母乳哺育幼崽。

不过，**雌性鸭嘴兽没有乳头，乳汁是从腹部皮肤分泌出来的**。雌兽的腹部有分泌乳汁的小孔，白色的乳汁就是从乳区小孔流出来的。鸭嘴兽宝宝会爬到妈妈的腹部，靠舔食乳汁成长。

至于雌兽分泌出来的究竟是汗水还是乳汁，这个问题比较复杂，不过**乳汁本就是由汗水变化而来的**，或许两者并没有太大区别。

生物名片

哺乳类

- **中文名** 鸭嘴兽
- **栖息地** 澳大利亚的河流或湖泊
- **大小** 体长40cm
- **特点** 毒性最强的哺乳动物

金钟儿用脚来听声音

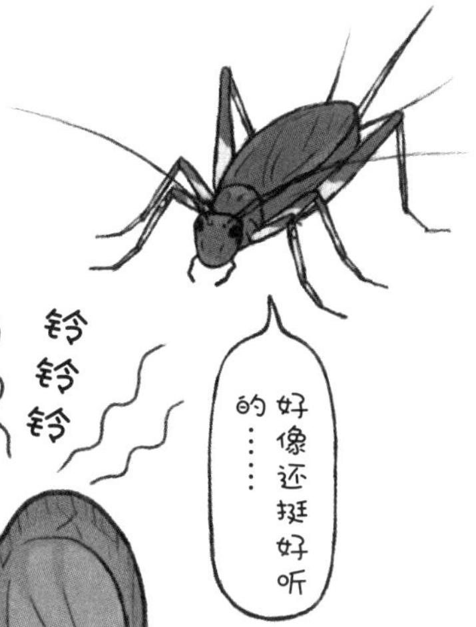

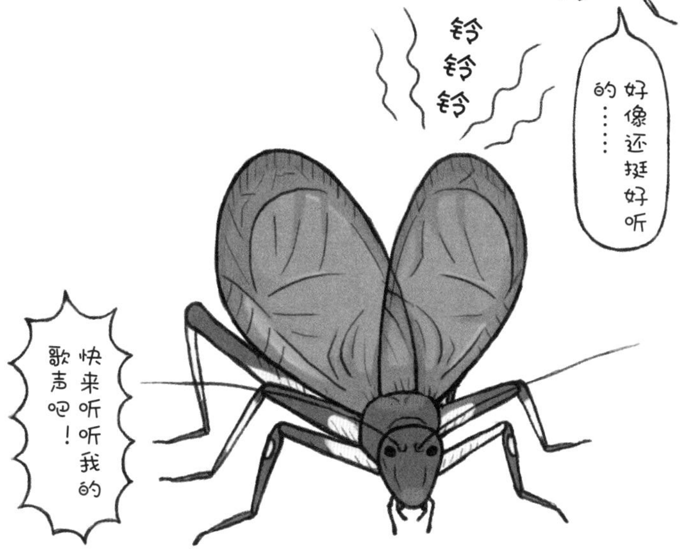

每到秋天，有一种昆虫便会发出悦耳的鸣叫，因此得名金钟儿。虽说是鸣叫，其实声音并不是从喉咙里发出来的，而是靠一对翅膀高速拍打发出的“铃铃”声。

雄虫靠发出鸣声来吸引雌虫。为了繁衍后代，雄虫拼命地发出鸣声，雌虫则用裸露在前足上的鼓膜来倾听美妙的鸣声。

这种鼓膜的结构非常简单，**无法分辨复杂的声音，甚至会被人类模仿的鸣声骗过去**。

生物名片

昆虫类

- **中文名** 日本钟蟋
- **栖息地** 中国和日本的草地
- **大小** 体长2cm
- **特点** 雄虫靠振动翅膀发出声音，雌虫无法发声

北极熊的皮肤是黑色的

北极熊的毛色洁白如雪，但**毛下的皮肤却是黑色的**，而且没有光泽。这是因为北极熊生活在寒冷的北极，为了充分吸收太阳的热量，它们的皮肤变成了黑色。

其实，**北极熊的毛也不是白色的，而是如玻璃般无色透明**，只是由于反射了明亮的光，看起来呈白色。而且，北极熊的毛像麦秆一样呈空心管状，可以将温暖的空气储存起来，保护身体不受严寒的侵袭。

不过，空心的毛也容易藏污纳垢。因此一到夏天，北极熊体内排出的油脂等污垢，经常会让它**从白熊变成脏脏熊**。

生物名片

哺乳类

- **中文名**　北极熊
- **栖息地**　北极圈的冰面上
- **大小**　体长2.5m
- **特点**　陆地上最大的肉食动物

鲣鱼一旦兴奋起来，身上的条纹就会改变方向

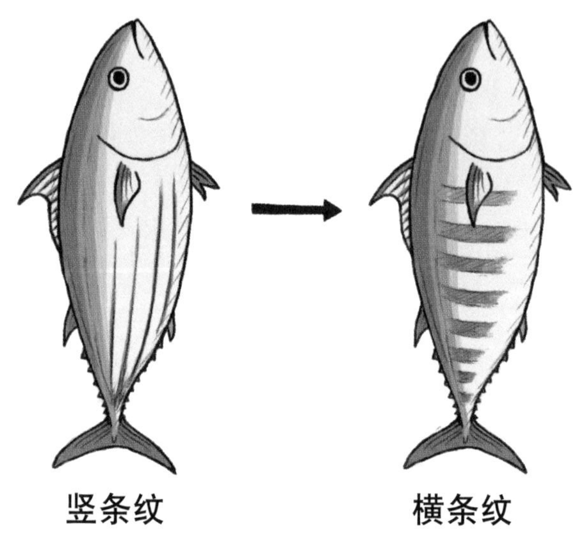

我们在水族馆观赏鲣（jiān）鱼游动的身姿，有时会隐约看到它们从头部向尾部显现出条状花纹。这种花纹在生物学上叫作“竖条纹”。

有趣的是，鲣鱼一旦兴奋起来，**比如追捕猎物或者雄性追求雌性时，条纹的方向就会瞬间改变**，由竖条纹变成从背部延伸到腹部的粗条纹，叫作“横条纹”。当鲣鱼冷静下来后，横条纹又会变回竖条纹，真是让人不可思议。

此外，**鲣鱼一旦死去，原有的竖条纹颜色会明显变黑**。至于条纹方向改变的原理，至今仍是个谜。

生物名片

硬骨鱼类

- **中文名** 鲣鱼
- **栖息地** 热带到温带的海域
- **大小** 全长70cm
- **特点** 具有尾随大型鲨鱼或鲸鱼、漂流木游动的习性

红毛猩猩打架厉不厉害，从脸颊就能看出来

有些雄性红毛猩猩的脸颊两侧长有像面具一样的厚肉垫，叫作“凸缘”。这使它们看起来很强壮，但并不是所有雄猩猩都有凸缘。年轻的雄猩猩在打架中获胜，就会分泌雄性激素，长出凸缘来。可以说，**凸缘是在打架中取得胜利的标志**。

大约一年后，凸缘就会变得发达，谁强谁弱，从脸上就能看出来。强者之间会相互避让、各自生活，并不争斗。如此一来，**那些不够强大，却曾在打架中偶然取胜的雄猩猩就会相当悲惨**。为了避开那些粗暴的雄猩猩，它们不得不东躲西藏，过着胆战心惊的生活。

生物名片

哺乳类

- **中文名** 婆罗洲猩猩
- **栖息地** 东南亚加里曼丹岛的森林
- **大小** 体长90cm
- **特点** 雄性会用气囊发声，宣告是自己的地盘

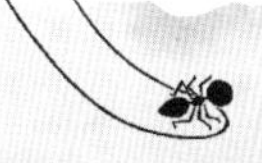

孔雀长长的尾上覆羽很碍事

孔雀的尾上覆羽非常华丽，开屏时宛如一面流光溢彩的扇子。不过，**只有雄孔雀才有纤长美丽的尾上覆羽**，雌孔雀的尾上覆羽呈朴素的褐色，而且并不长。

雄孔雀美丽的尾上覆羽只是为了在异性面前展示自我，吸引关注，除此之外别无用处。无论飞翔还是行走，拖着尾上覆羽都很不方便。不仅如此，**开屏时如果有强风吹来，雄孔雀甚至会因此摔倒。**

克服种种困难、努力要帅来吸引异性的雄孔雀，男子汉气概十足，不过它们“**嗷嗷**”**的叫声和形象反差太大**，真是让人无奈。

生物名片

鸟类

■ **中文名** 蓝孔雀
■ **栖息地** 南亚的森林
■ **大小** 全长2.2m（繁殖期的雄鸟）
■ **特点** 繁殖期结束后，雄鸟装饰性的尾上覆羽便会脱落

锹形虫拥有发达的上颚，生活却很困难

雄锹（qiāo）形虫的上颚又大又长，是求偶时争斗的利器。于是，**在进化的过程中，它们的上颚变得越来越长**。可实际上，发达的上颚却给生活带来了很多不便。

由于上颚巨大，锹形虫无法将脑袋钻入树皮中，**吸食树液很费劲**。举着上颚飞行也相当辛苦，为此，它们经常**不得不缩小搜寻异性的范围**。更悲剧的是，有时候，上颚巨大的雄性为争夺雌性忙于厮杀，而**上颚较短的雄性则利用小巧灵便的优势，趁机和雌性完成交配**。结果强者好不容易获胜了，却是白忙一场。

生物名片

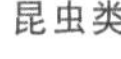

昆虫类

- **中文名** 拉可达尔鬼艳锹形虫
- **栖息地** 苏门答腊岛的森林
- **大小** 全长6.6cm
- **特点** 头部有倒三角形的黄色花纹

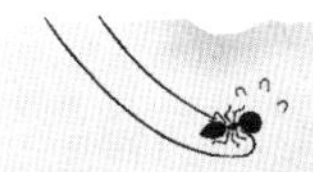

鳗鱼黑色的身体其实是被晒黑的

鳗鱼诞生于世界上最深的海沟——马里亚纳海沟，最初身体是白色透明的，成长到一定阶段后，它们开始向内河洄游，身体渐渐变黑。

其实，鳗鱼的**身体是被晒黑的**。太阳光中含有一种叫作“紫外线”的光，对身体有害。当鳗鱼从阳光无法到达的深海来到较浅的河流时，体表就会变黑，**以保护身体不受紫外线的侵害**。这和人类到夏天会被晒黑是同样的道理。如此说来，在我们人类烤鳗鱼之前，**鳗鱼已经被太阳烤上色了呢！**

生物名片

硬骨鱼类

- **中文名** 鳗鲡(lí)
- **栖息地** 东亚的海洋或河流
- **大小** 全长80cm
- **特点** 体表光滑无鳞

电鳗的肛门长在脖子上

电鳗是放电能力最强的生物。电鳗**通过释放强力的电流来击毙周围的鱼类，从而获得食物。**

电鳗**体内 80% 都是发电器**，为了避免电到自己，它们体内重要的结构表面都包裹着厚厚的脂肪，肠胃等生存必需的器官则都集中在上半身。电鳗虽然外形与鳗鱼相似，但两者其实是完全不同的鱼类。

由于屁眼也长在上半身，电鳗**排便时看起来就像下巴长出了胡须似的。**

生物名片

硬骨鱼类

■**中文名** 电鳗

■**栖息地** 南美北部的河流

■**大小** 全长2.5m

■**特点** 能倒游

角菊头蝠的鼻子形状很奇怪

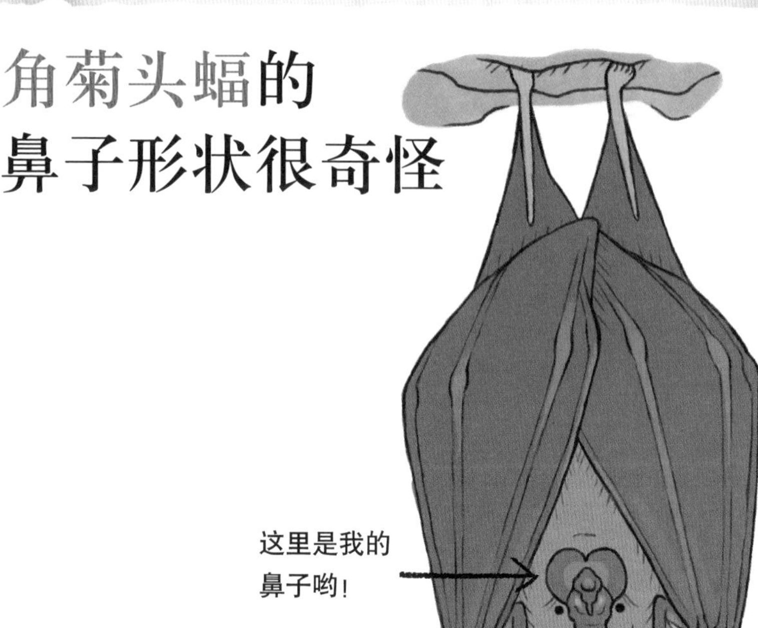

很多蝙蝠都能发出人耳听不到的超声波。超声波遇到障碍物后会反射回来，蝙蝠可以根据听到的回声判断出物体的位置与形状，因此即便在黑漆漆的环境中，它们也能对周围的一切了如指掌。

其中有一种名叫角菊头蝠的蝙蝠，它们可以自如地穿梭于细密的树枝之间，身体却不会与树枝相撞。它们的**鼻子形状如同一朵菊花**，硕大又发达，**可以收发复杂的超声波**。

当角菊头蝠飞向墙壁时，只看鼻子的话，**还以为它们会迎面撞到脸变形**，不过它们绝不会犯这样的失误。

生物名片

哺乳类

■**中文名** 角菊头蝠
■**栖息地** 非洲及亚欧大陆的森林
■**大小** 体长7.3cm
■**特点** 冬天会用翅膀（翼膜）裹住身体冬眠

白雪灯蛾的求偶器官造型奇特

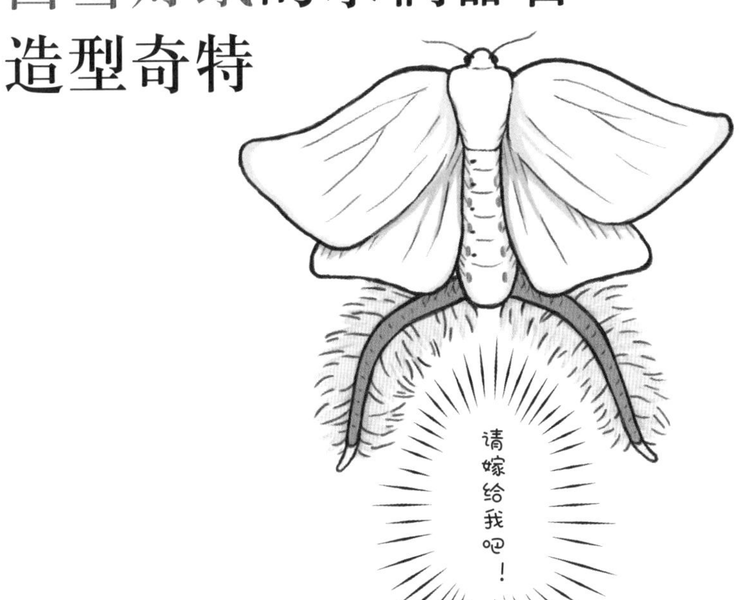

蛾子大多都是夜行动物。它们经常在夜空中飞来飞去，寻找交配对象。但是，黑暗中什么也看不清，于是，**蛾子会分泌并释放信息素——一种特殊的气味，来宣告自己的存在，吸引异性。**

大部分昆虫都是雄性循着雌性的气味寻找对方，白雪灯蛾则相反。**雄蛾拥有尺寸超大的信息素分泌器官——腹毛刷**，可以释放出大量的气味来邀请雌蛾。

虽然这不失为一种高明的“召唤术”，可那如同外星人触手般的腹毛刷，样子实在太奇特啦！

生物名片

昆虫类

- **中文名** 白雪灯蛾
- **栖息地** 亚洲的草地
- **大小** 前翅展开长3.2cm
- **特点** 幼虫以蓼（liǎo）科植物酸模（mó）和虎杖等为食

日本猕猴
屁股越红越受欢迎

日本猕猴是世界上栖息地最靠北的猴子，因为其中一些猴子学会了集体泡温泉而闻名于世。

说到日本猕猴，或许大家首先想到的就是它们红红的脸庞和屁股吧。其实，**日本猕猴毛下的皮肤是淡粉色的**。脸和屁股之所以看起来格外地红，是因为皮肤下面布满了毛细血管，透出了血色。

对它们来说，红红的皮肤意味着血脉通畅，是健康活力的证明。而**生命力强的猴子在异性中会更受欢迎**。

因此，如果想要成为日本猕猴界的“万人迷”，**颜值不重要，脸和屁股够红才是关键**。

生物名片

哺乳类

- **中文名** 日本猕猴
- **栖息地** 日本的森林
- **大小** 体长50cm
- **特点** 脸和屁股都是红色的，世界罕见

土豚的身体很结实，脑袋却非常脆弱

土豚在地面上挖洞穴居。它们会用强壮而锐利的爪子抓破蚁穴，然后吃掉白蚁。

土豚的身体也很结实，即使被狮子用利爪按住后背，它们也能坚持挖洞直至逃脱。

可是，**土豚的脑袋却十分脆弱**。由于常年用长舌舔食白蚁，不经咀嚼便囫囵咽下，它们几乎没有牙齿，甚至不能张大嘴巴。日久天长，面部的肌肉逐渐退化，头骨也变得又薄又脆。如果**不小心一头撞上了坚硬的树木或岩石，土豚或许就这么一命呜呼了**。

生物名片

哺乳类

■**中文名** 土豚
■**栖息地** 非洲大草原
■**大小** 体长1.3m
■**特点** 用超过30cm长的舌头舔食白蚁

鳄鱼张嘴的力量还不如老爷爷的握力

在动物中，咬合力最强的当属湾鳄。

湾鳄的体型在鳄鱼中也是顶级的。最大的湾鳄全长超过 6m，被《吉尼斯世界纪录大全》记录为“世界上已捕获的最大鳄鱼”。

湾鳄的咬合力不可小觑（qù）。它们的**嘴巴可以承受住一辆小型卡车的重量**，几乎可以咬碎一切。

然而，湾鳄张嘴的力量却弱得惊人——只有 30kg 左右，**普通的老爷爷单手就能压住它**。

生物名片

爬行类

■**中文名** 湾鳄

■**栖息地** 印度洋沿岸的海水和淡水交界处

■**大小** 全长6m（最大）

■**特点** 爬行类中的体重之最，最重的超过1t

斑点楔齿蜥有三只眼睛，但很难看出来

斑点楔（xiē）齿蜥的头骨顶部有一个开口，那是它们的**第三只眼睛，和正常的两只眼睛具有相同的构造。**

但是，我们**几乎看不到这只眼睛**。斑点楔齿蜥破壳而出时，第三只眼睛和另外两只眼睛的眼球一般大，不过半年后就会被鳞片覆盖，从外观上很难看出来。拥有第三只眼睛，却一直闭合着，**斑点楔齿蜥就像是动画片里被封印的怪兽。**

这第三只眼睛功能不详，**似乎可以通过阳光来感知方位和时间，帮助身体调节体温。**

生物名片

爬行类

■**中文名** 斑点楔齿蜥
■**栖息地** 新西兰的森林或海岸
■**大小** 全长58cm
■**特点** 长寿，有的甚至能活100多年

玻璃蛙的内脏透过身体看得一清二楚

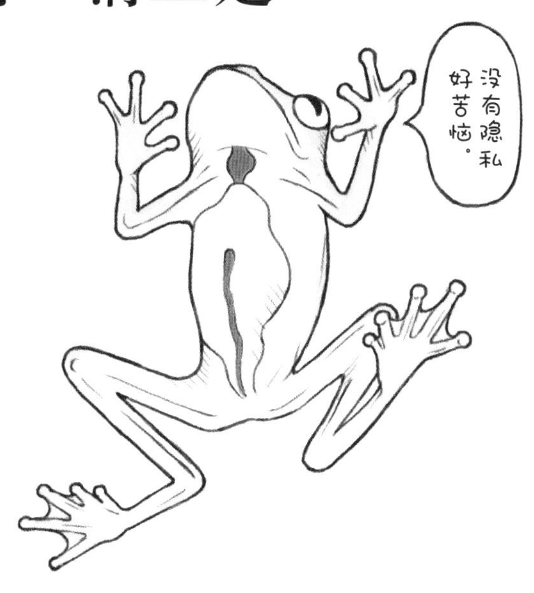

玻璃蛙，顾名思义，这种青蛙的身体像玻璃一样是半透明的，**透过肚皮几乎看得见内脏。**

玻璃蛙的身体为什么是透明的呢？一种说法是，当玻璃蛙趴在叶片上时，半透明的身体会让下面的蛇等天敌很难发现它。通常情况下，从下方仰视时，叶片上会映出身体的阴影，如果身体是半透明的，**光线就可以穿透身体，只在叶片上留下淡淡的影子，让敌人难以察觉。**

不过，**一旦被发现，重要的内脏和蛙卵的位置也就暴露无遗了。**

生物名片

两栖类

■**中文名** 拉帕尔马玻璃蛙

■**栖息地** 中美到南美的森林

■**大小** 体长2.5cm

■**特点** 在水边的植物上产卵并守护

裸海蝶
进食时，头部会裂开

口锥！

裸海蝶属于贝类，别名“裸龟贝”，幼年期有壳。

如水晶般透明的身体和轻灵飘舞的泳姿，赋予了它另一个名字——“流冰天使”。这是一种美丽的生物。

然而，**这美丽的生物在进食的时候却会展现出恶魔般的面孔**。只要发现最爱的食物海蝶（有翼足的小海螺），裸海蝶的头部就会啪地张开，伸出6根触手。这些被称作“口锥”的触手会牢牢地困住海蝶，使其无法逃脱，然后裸海蝶从口中伸出倒钩取食螺肉，将其慢慢磨碎、消化，吸收养分。

生物名片

腹足类

- **中文名** 裸海蝶
- **栖息地** 北半球的寒冷海域
- **大小** 体长2cm
- **特点** 利用部分被称为翼足的脚游动，宛如在飞舞

鹿豚的上獠牙中看不中用

野猪的 4 根獠牙是强有力的武器，而鹿豚的獠牙却只是中看不中用的装饰罢了。

鹿豚的獠牙比野猪的还要长，粗细也差不多。可这**看似锋利的獠牙强度却很差，容易折断，很难用作武器**。而且上獠牙从口腔中向上长，**穿出脸部的皮肉，看了让人替它脸疼**。

雄鹿豚之所以长着这样用途不明的牙齿，是因为长獠牙才受异性欢迎。于是，牙齿短的雄鹿豚很难留下后代，剩下的都是獠牙又长又碍事的鹿豚。

生物名片

哺乳类

- **中文名** 鹿豚
- **栖息地** 印度尼西亚的森林
- **大小** 体长95cm
- **特点** 全身几乎没有毛

眼镜猴的眼睛超级大，却不能转动

我的脖子很灵活。

眼镜猴的一只眼睛就和它的脑子差不多重。

不过，眼睛太大并不方便。眼镜猴的眼睛几乎紧挨着头盖骨，又大又重，以至于眼珠无法自由地转动，只能直视前方。即使**想要瞥一眼侧面，也必须把头转过去才行**。

至于眼镜猴的眼睛为什么这么大，有一种说法是，它们从白天活动逐渐进化成夜间活动，为了能在夜晚看清黑暗的森林，**眼睛需要采集大量的光线，于是渐渐变大，成了今天这副模样**。

生物名片

哺乳类

- **中文名** 菲律宾眼镜猴
- **栖息地** 菲律宾的森林
- **大小** 体长12cm
- **特点** 可以从一棵树跳到相距3m的另一棵树

豉甲的眼睛可以看上看下，就是看不到前面

豉（chǐ）甲像水黾（mǐn）一样在水面上漂游，靠捕捉溺水的昆虫等为食。

生活在水面上的它们，是鸟和鱼类瞄准的目标。为了能够同时看到空中和水下，**豉甲的一对复眼各分成了上下两只小眼**。这样一来，它们就能**一边提防藏在水下的敌人，一边寻找落在水面的猎物**，这堪称一大绝技。

不过，**豉甲的眼睛却看不到正前方**。从人类的角度来看，豉甲一直保持着斜视的状态，总是绕着圈圈游动，想必很不方便吧。

生物名片

昆虫类

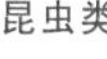

■**中文名** 豉甲

■**栖息地** 东亚的池塘或河流

■**大小** 体长7mm

■**特点** 前足较长，中后足极短

火烈鸟的红色身体其实是食物造成的

修长的腿、镰刀形的喙、火红艳丽的羽毛是火烈鸟的典型特征。

不过你知道吗？**其实刚出生的火烈鸟羽毛是纯白的，随着长大，毛色渐渐变红**。变红的秘密在于父母给雏鸟喂食的红色“鸟奶”。火烈鸟父母的嗉囊（食道末端的膨大部分，可以暂存食物）会分泌类似乳汁的鸟奶，其中富含类胡萝卜素，在它的作用下，雏鸟的羽毛会逐渐变成红色。

火烈鸟父母因为将色素给了雏鸟，自己会渐渐变白。可在火烈鸟的圈子里，白羽毛是不受欢迎的，因此，成年火烈鸟在饲育雏鸟长大之后，会狂吃富含类胡萝卜素的蓝藻，拼命地恢复羽毛的颜色。

生物名片

鸟类

- **中文名** 小红鹳(guàn)
- **栖息地** 非洲及印度的湖泊或海岸
- **大小** 全长85cm
- **特点** 缩起一只脚，单脚站立着休息

鲎的脑子像甜甜圈

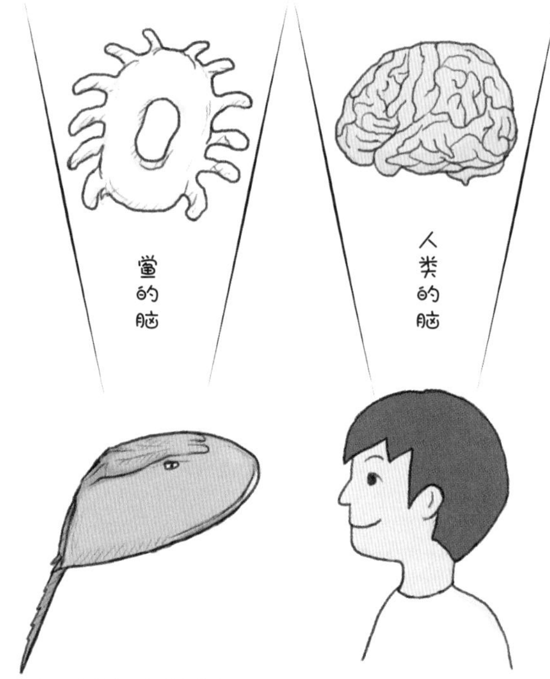

鲎（hòu）看似蟹却并非蟹，而是和蜘蛛、蝎子关系更近的生物。由于背部覆盖着硬甲，它们的体型看起来很宽阔，但翻过身来一看，下面只有空荡荡的几只脚而已。

鲎的内部构造也不同寻常，**脑子出奇地长在嘴巴的下面，而且脑神经环绕着食道**，形状就像甜甜圈。再加上嘴巴长在腿根处，简直让人无法分清哪里是头、哪里是脚了。

另外，**鲎的血液是蓝色的**，对细菌的反应很敏感，常被人类制成药剂，用来检测是否感染了细菌。

生物名片

螯肢类

■**中文名** 鲎（中华鲎）
■**栖息地** 亚洲的浅海
■**大小** 全长65cm
■**特点** 雌鲎一生可产8万多颗卵

提灯蜡蝉的大脑袋里什么也没有

提灯蜡蝉和椿象（俗称臭虫）属于同类。它们长着一颗酷似花生壳的“脑袋”，但其实里面什么也没有，是个空壳子。真正的脑袋在它后面。

从侧面看，**这个假脑袋酷似鳄鱼的头**，因此有人认为假脑袋是为了吓走鸟类等天敌。另一种看法则认为，这个假脑袋其实是个幌子，**目的是保护真正的脑袋**。但实际上假脑袋在这两方面似乎都没什么明显效果。

有个流行语叫“大脑放空”，指的是一种什么都不思考的状态，或许提灯蜡蝉也并没有特意追求什么效用，只是在放空罢了。

生物名片

昆虫类

- **中文名** 提灯蜡蝉
- **栖息地** 北美到中美的森林
- **大小** 体长7cm
- **特点** 受到惊吓时会张开前翅，露出后翅上的眼斑

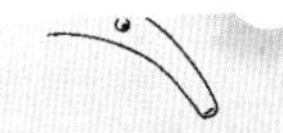

犀牛的角
其实是个疙瘩

过去，犀牛角是名贵的工艺品和中药材料，备受富人追捧。由于犀牛角价格长期居高不下，许多猎人以此为目标捕杀犀牛。如今，**世界上仅残存5种犀牛，并且都已濒临灭绝**。

其实，人们趋之若鹜的**犀牛角不过是犀牛皮肤上的突起物**。也就是说，那就是个疙瘩。犀牛角不像鹿角或牛角那样由钙质构成，而是和毛发、爪子一样，由角蛋白构成。

因此，**用它熬制的昂贵中药，和用怪叔叔的指甲熬的水并无差别**。

生物名片

哺乳类

- **中文名** 黑犀牛
- **栖息地** 非洲大草原
- **大小** 体长3.4m
- **特点** 全身包覆着如铠甲般的厚皮

一角鲸的角其实是犬齿

一角鲸因为脑袋上长着一只“角”而得名。这只“角”看起来威风凛凛，但它其实不是角而是牙——**伸出嘴外、长达 3m 的左犬齿**。为了不影响合上嘴巴，**长牙只能穿破上唇而出**，实在很不方便。

长牙是雄鲸所特有的，雌鲸并没有。在繁殖期，雄鲸会向雌鲸求爱，**犬齿越长，越受雌鲸的青睐**。

也就是说，在一角鲸的世界里，“龅牙”越长的雄鲸越受欢迎，越容易组建“后宫”。

生物名片

哺乳类

- **中文名** 一角鲸
- **栖息地** 北极圈海域
- **大小** 体长4.4m
- **特点** 随着年龄增长，身体会逐渐变白

平胸龟的脑袋太大，无法缩进壳里

龟壳坚硬而沉重，导致龟行动缓慢，但也**赋予了龟强大的防御力**。如果龟缩在壳里不出来，敌人的攻击基本就是徒劳。地球上现存的龟已知有 300 多种，可见这样的自保方法挺有效呢！

可是，平胸龟的壳是扁平的，**而脑袋却比较大，缩不进壳里**。此外，它们的尾巴在龟类中也是加长款，看来它们不打算做缩头乌龟了。

更让人惊奇的是，或许是龟壳相对较轻的缘故，平胸龟行动敏捷，**甚至还会爬树**。简直是在拼尽全力打破人类对龟的刻板印象啊！

生物名片

爬行类

■**中文名** 平胸龟
■**栖息地** 中国南方和印度半岛的溪流
■**大小** 龟甲长17cm
■**特点** 尾巴力气大，能卷起树枝等

大食蚁兽因为爪子太大，无法好好走路

大食蚁兽没有牙齿，不过它们拥有可以高频率活动的长舌，**1 天能吃掉 3 万多只白蚁**。

想吃到白蚁，首先得把坚固的蚁穴破坏掉，这时，前脚上弯钩形的大爪子就派上用场了。

可美中不足的是，由于前爪过大，大食蚁兽**走路时必须抬高前脚，像极了列队前进的运动员**。但这样一来，落脚时万一不小心，可能就会折断重要的吃饭家伙——爪子。因此，它们走路时总是蜷起前脚掌，把爪子收在掌心，**好像在用拳头捶打地面**。

生物名片

哺乳类

- **中文名** 大食蚁兽
- **栖息地** 中美到南美的草原或湿地
- **大小** 体长1.1m
- **特点** 母兽会把幼崽背在背上行动

水母的嘴巴也是肛门

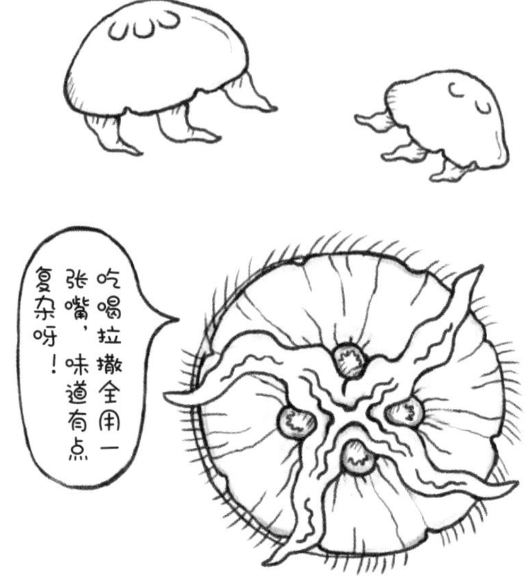

悠游自在的水母看似美丽，有的却长着有毒的触手，**毒性强的可以在几分钟之内置人于死地**，因此千万不要随意接近这些杀手。

水母用触手刺蜇猎物，注入毒素，使其麻痹、丧失抵抗力，然后再慢慢送入口中。猎物在体内被消化吸收，残渣从口中排泄出来。

用人类打比方的话，**就好比吃下去的食物在胃里变成粪便，再从嘴里吐出来**。水母没有大脑，理应没有味觉，**可它们的嘴部周围却可以充分地感受味道，让人不禁心生同情**。

生物名片

水母类

- **中文名** 海月水母
- **栖息地** 广泛分布在海洋中
- **大小** 伞状体的直径为30cm
- **特点** 伞状体内有4个生殖腺，因此也叫四眼水母

海星进食时，会把胃吐出来

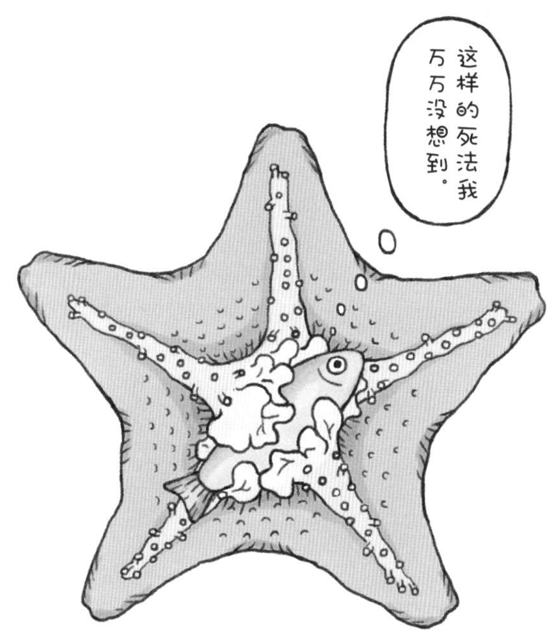

海星身体扁平，体表覆盖着粗糙的硬皮，像被用皮带勒住了肚子似的，因此无法吞食体积较大的食物。

为了吃下更多的食物，海星想出了一个妙招——**把胃从嘴里翻出来，在体外消化食物**。一旦捕获到猎物，它们的胃就会从嘴里翻吐出来，将其包裹住。接下来，**胃在体外分泌胃液，把猎物消化吸收**。

只有修复能力超强的海星才干得了这样的力气活。翻出体外的胃即使受伤，也能很快痊愈。

生物名片

海星类

■**中文名** 海燕

■**栖息地** 朝鲜半岛和日本的浅海

■**大小** 腕长6cm

■**特点** 趴在海底，身体微微拱起露出缝隙，诱捕靠近的虾等猎物

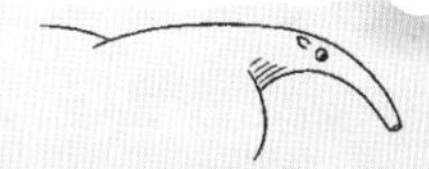

三趾树懒遇上连绵雨天会饿死

三趾树懒的**生活方针是能省力就省力**。它们几乎整天一动不动地倒挂在树上，吃饭也不例外，**一天只吃一两片树叶**。因为身体不活动，内脏耗能也低，消化食物往往要花上数周时间。此外，作为哺乳动物，三趾树懒的体温调节机制也很节能，体温会根据气温上下浮动。

因此，持续降雨导致气温下降时，三趾树懒的**体温会随之下降，内脏也会停止工作**。这样一来，体内的食物无法消化，**它们即使吃饱了，依然会被“饿死”**。从这一点来看，真搞不懂它们为什么要苦苦节省能量。

生物名片

哺乳类

- **中文名** 褐喉三趾树懒
- **栖息地** 中美到南美的森林
- **大小** 体长60cm
- **特点** 每周只有排便时才从树上下来一次

胡蜂的成虫从幼虫那里获得食物

胡蜂**捕杀其他昆虫后，会将其做成“肉丸”搬回蜂巢**。这肉丸是给幼虫的食物，而幼虫吐出的黏稠液体则是成虫的食物。

成虫以幼虫吐出的液体为食，是因为成虫的胸部和腹部的连接部位非常细。**这样的构造使得带有毒针的腹尾可以自由地活动**，付出的代价是固体食物无法通过。因此，**成虫必须从幼虫那里获得营养液来维持生命**。

这样看来，到底是谁在养育谁呢？

生物名片

昆虫类

- **中文名** 金环胡蜂
- **栖息地** 亚洲的森林
- **大小** 体长3.2cm（工蜂）
- **特点** 在地下或树洞中营造巨大的巢穴

棱皮龟的口腔里长满了肉刺

爬行动物中，**只有龟是不长牙齿的**。棱（léng）皮龟也没有牙齿，但一张嘴，就能看到它的**口腔和喉咙里长满了密密麻麻的肉刺**。

棱皮龟是世界上最大的龟，龟壳最长达 1.9m，体重最重近 1t。因为体型巨大，它们有时**一天要吃掉 100kg 左右的水母**。

进食时，喉咙处的肉刺开始发挥作用。棱皮龟将水母连海水一起囫囵吞下，再吐出海水。这时，**肉刺会卡住水母，不让水母连同海水一起流走**。

生物名片

爬行类

- **中文名** 棱皮龟
- **栖息地** 热带到温带的海洋
- **大小** 龟壳最长达1.9m
- **特点** 龟壳表面覆有革质皮肤

马尾茧蜂的产卵管很碍事

马尾茧蜂的尾巴长度近乎身体的 10 倍。其实这并不是尾巴，而是产卵管。**马尾茧蜂用产卵管刺穿树皮，将卵产在深藏于树干中的天牛幼虫身上**。作为寄生蜂，它们的幼虫靠吃天牛的幼虫长大。

从蛹期开始，雌蜂的产卵管逐渐变长，导致**蜕壳、飞行都非常辛苦**，而且显眼的产卵管**很容易被敌人发现**。或许正是因为这些弊端，今天**马尾茧蜂数量稀少，极其罕见**。

生物名片

昆虫类

- **中文名** 马尾茧蜂
- **栖息地** 日本和中国台湾的森林
- **大小** 体长2cm
- **特点** 死后产卵管会蜷起

高脚蟹的脚太长，甚至因此在蜕壳中死亡

高脚蟹将**脚完全伸展开的话，全长可超过 3m，是世界上最大的蟹。**

高脚蟹看似威武，但其实蟹等**节肢动物没有骨骼，只靠坚硬的甲壳支撑身体**。因此，越是大型的节肢动物，支撑身体就越困难，比如大王具足虫和日本龙虾等巨型节肢动物，只能生活在容易漂浮的海洋之中。

节肢动物要成长，就必须蜕壳。由于脚太长，高脚蟹蜕壳困难，甚至要赌上性命。**根据水族馆的记录，高脚蟹的蜕壳时间最长达 6 小时**，甚至有高脚蟹蜕壳失败，力竭而死。

生物名片

甲壳类

- **中文名** 甘氏巨螯蟹
- **栖息地** 日本和中国台湾附近的深海底
- **大小** 螯足展开时全长达3m
- **特点** 幼蟹全身长有细毛

黑喉潜鸟有脚，却不会走路

黑喉潜鸟的拿手绝活是潜水，可潜至水下 50m 深。为了减轻水的阻力，它们会伸直头颈、收拢双翼、高速前进，泳姿犹如火箭。

与此相反，**黑喉潜鸟在陆地上移动时极为笨拙**，甚至连像鸭子那样摇摇摆摆地走路都做不到。双脚无法支撑身体的它们，**只能像海豹一样匍匐前进**。

别看黑喉潜鸟走路笨拙，它们还是会飞的。不过因为不善行走，不能在陆地上起飞，只能一边快速扇动双翼，一边**做出忍者奔跑的姿势踏水助跑**，这样才能成功起飞。

生物名片

鸟类

- **中文名** 西伯利亚黑喉潜鸟
- **栖息地** 北太平洋沿岸水域
- **大小** 全长65cm
- **特点** 比小鱼游得还快

鸮鹦鹉
胖得飞不起来

生活在新西兰及其周边岛屿的鸮（xiāo）鹦鹉，**曾在 100 多万年间没有天敌**。它们的祖先可以自由地采食喜欢的食物——各种各样的植物果实，无忧无虑地生活。

其结果是，鸮鹦鹉变成了一种全长 60cm、体重 4kg 的肥胖巨鸟。**飞翔所需的肌肉退化，取而代之的是一堆脂肪。**

然而有一天，祸从天降——人类将猫、白鼬（yòu）等鸮鹦鹉的天敌带到了岛上。而不会飞的鸮鹦鹉**受到敌人惊吓时只会蹲在原地，**如今陷入灭绝的危机。

生物名片

鸟类

- **中文名** 鸮鹦鹉
- **栖息地** 新西兰的森林
- **大小** 全长60cm
- **特点** 雄鸟聚集在一处求爱，供雌鸟选择

大王酸浆鱿的眼睛是世界上最大的，却没什么用

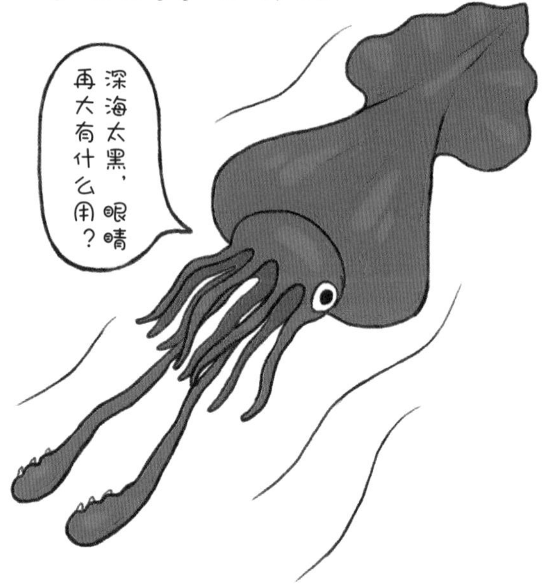

大王酸浆鱿是**世界上最重的鱿鱼**，体型比大王鱿还要大。

大王酸浆鱿的眼睛直径达 27cm，是已知动物中眼睛最大的，**比篮球还大**。通常认为，这双巨大的眼睛主要用于观察敌情，以避开抹香鲸等天敌。它们通过分辨水中发光浮游生物的流动情况，判断是否有敌人在接近自己。

不过，大王酸浆鱿生活在阳光无法抵达的深海，**那里黑魆魆（xū）的，看不到物体的形状**，而且它们**还有严重的远视，几乎看不见近处的物体**。

生物名片

头足类

- **中文名** 大王酸浆鱿
- **栖息地** 南极圈的深海
- **大小** 胴体（dòng，躯干部分）长8m
- **特点** 腕上有吸盘变形而成的钩爪

大象上了年纪后，牙齿会磨损掉光

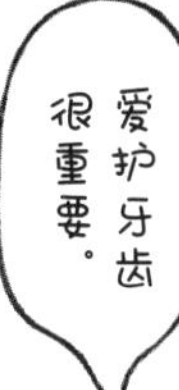

大象除了 1 对露在外面的长牙（门齿）之外，上下牙床还会分别长出 12 颗臼（jiù）齿。臼齿很大，**同一时间在口中只能上下左右各长 1 颗**。这副牙齿在使用一段时间后会磨损，像订书钉似的脱落，然后下一副牙齿会从里侧长出并水平前移，替换前面那副磨损的牙齿。**大象一生中要换 5 次牙**。

可是，大象的牙齿还是不够用。大象虽然是食草动物，但也经常吃树皮、小树枝等硬物，**且 1 天的进食量多达 200kg**。因此，大象的臼齿使用约 60 年后就会磨损掉光，最终因为无法进食而饿死。

生物名片

哺乳类

- **中文名** 非洲象
- **栖息地** 非洲大草原
- **大小** 体长6.8m
- **特点** 对气味最敏感的哺乳动物

小龙虾的体色会随食物变化

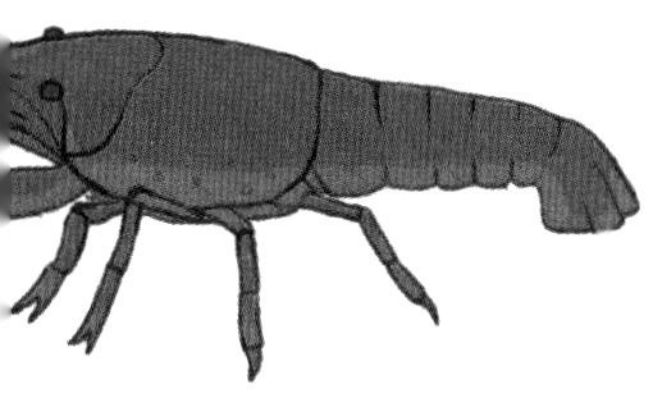

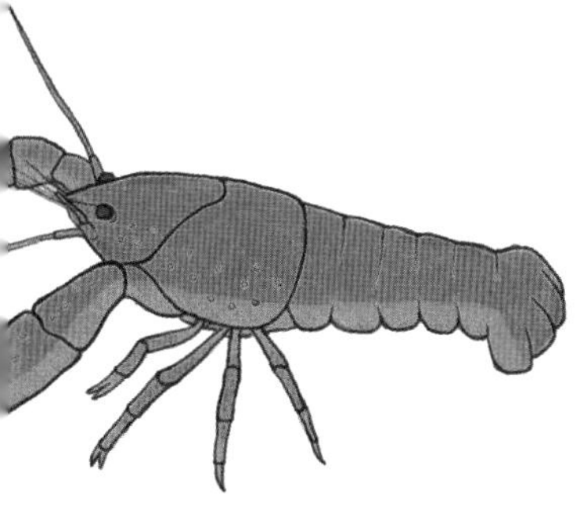

提起小龙虾，大家就会联想到它们红色的外壳。其实，**小龙虾在小时候是灰色的，随着长大才渐渐变红**。

而且小龙虾对环境很敏感。如果栖息地周围的水质呈碱性、水体清澈，体色就会变浅；如果水质呈酸性、水体颜色深暗，体色也会随之变深。

另外，小龙虾的**体色是由一种叫作虾青素的色素决定的**，虾青素可以从水草或钩虾中获取。如果摄入的食物不含虾青素，比如竹荚鱼或沙丁鱼等，小龙虾的体色就会**由红变淡，转为蓝色，最终褪成白色**。

生物名片

甲壳类

- **中文名** 克氏原螯虾
- **栖息地** 北美南部的池塘与河流
- **大小** 体长12cm
- **特点** 逃跑时会蜷起腹部向后跳

大家好！我是大象。

听说你们对我的鼻子很好奇，

想知道它有多厉害吗？

首先，它的嗅觉

比狗还灵敏 1 倍多呢！

其次，它可以轻松地举起

重达 300kg 的物体。

不仅如此，像花生米之类的小东西

也能灵活地捡起来。

不过，在很久以前，

我们的鼻子远没有现在这么长。

想听我继续讲下去吗？

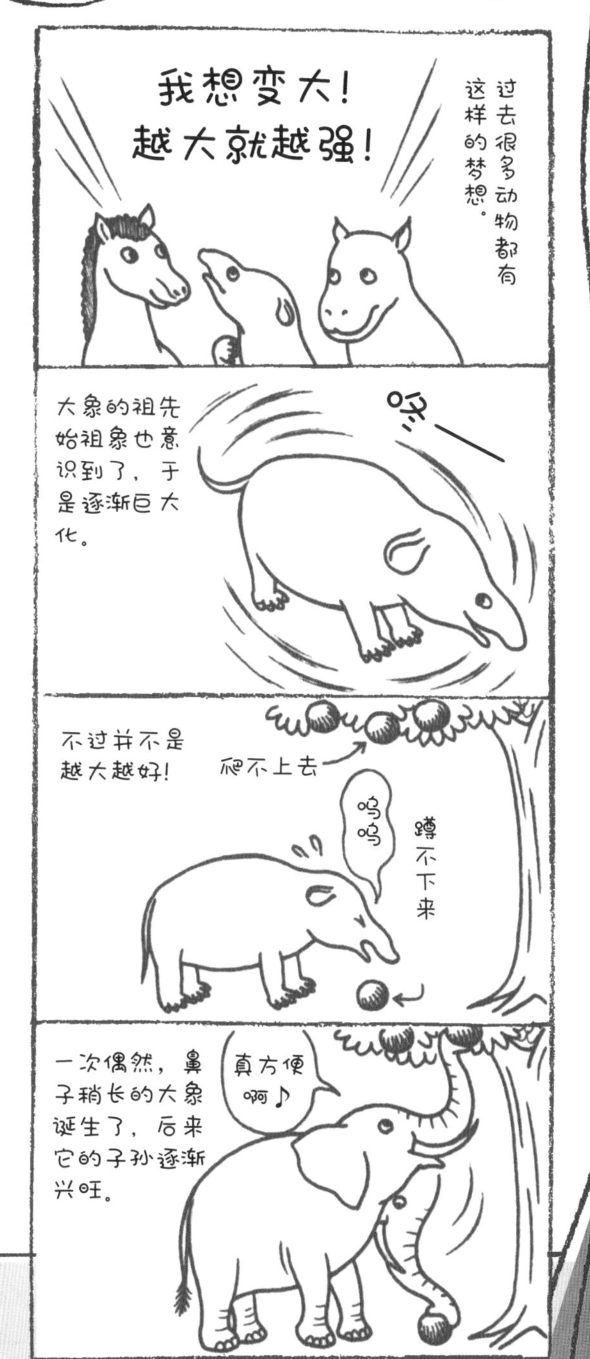

过去很多动物都有这样的梦想。
我想变大！
越大就越强！
大象的祖先始祖象也意识到了，于是逐渐巨大化。
咚——
不过并不是越大越好！
爬不上去
呜呜
蹲不下来
一次偶然，鼻子稍长的大象诞生了，后来它的子孙逐渐兴旺。
真方便啊♪

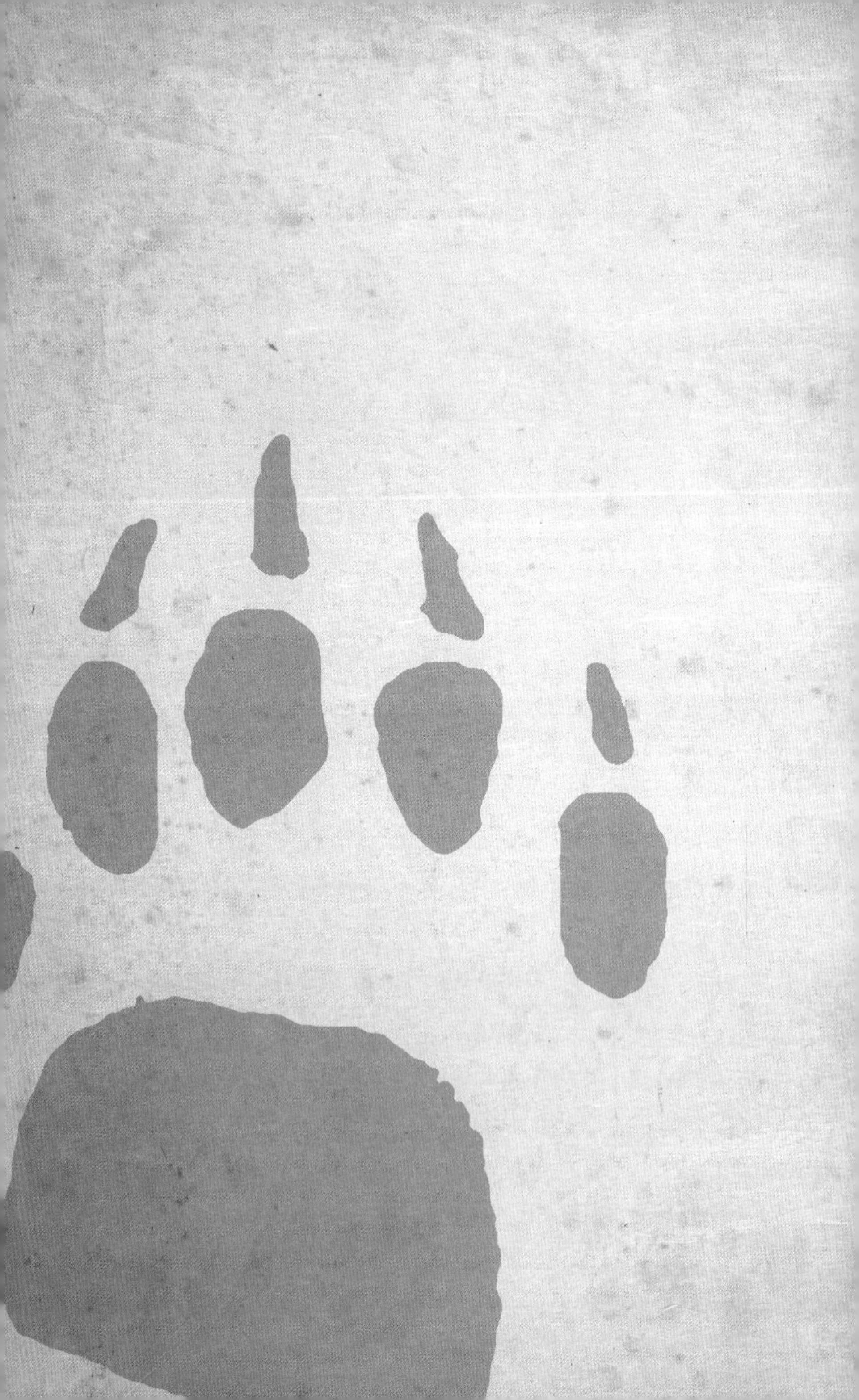

第3章

让人遗憾的生活方式

这一章介绍的动物，

都会让你想要多管闲事地问一句：

“明明有更轻松的活法，为什么非要这样呢？”

翻页动画小剧场

咦？这里挂着一只

蓑（suō）蛾呢！

雌薮犬倒立着小便

生活在热带雨林的薮（sǒu）犬，雌性为了划定地盘，会在靠近树木等地方排队，倒立着小便。

这时，**尿得高低很关键**。尿液标记的位置越高，会被认为体型越大，在地盘竞争中就越处于有利地位。为此，一代代薮犬以尿得更高为目标，反复试验，终于**摸索到了最佳小便姿势——倒立**。

现在，所有雌薮犬都倒立着撒尿。不过**到如今，这已经不单纯是体型的事了**。如果不能尿到高处，会被认为身体活力不足，所以薮犬不得不这样做。

生物名片

哺乳类

- **中文名** 薮犬
- **栖息地** 南美的森林
- **大小** 体长65cm
- **特点** 可以面向前方快速退着走

袋鼠宝宝被强制着吸奶

袋鼠宝宝刚出生时仅有几厘米长，袋鼠妈妈将它放在育儿袋中抚养。因为**袋鼠没有肚脐**，小袋鼠在妈妈肚子里时无法获取营养。

刚出生的袋鼠宝宝靠自己的力量钻进妈妈的育儿袋后，会衔住袋中的乳头。**乳头一旦被衔住，会迅速膨胀起来，使其无法从幼鼠口中脱离**。幼鼠在成长到可以张大嘴巴之前，会被强制着一直叼着乳头。

由于无法转动身体，袋鼠宝宝不能跳出育儿袋，**连大小便都要在育儿袋中解决**。而袋鼠妈妈则会将头探入育儿袋中，将宝宝的大小便舔干净。

生物名片

哺乳类

- **中文名** 赤大袋鼠
- **栖息地** 澳大利亚的平原
- **大小** 体长1.2m
- **特点** 繁殖期间，雄性为了争夺雌性，会用后腿互搏

浣熊其实很少浣洗食物

“浣（huàn）熊”**因为常在河边浣洗食物而得名。**

然而**这竟是个误会**。浣熊视力很差，捕食时，它们会将前脚伸入水中，在石头下面等地方摸索猎物。这一姿势看起来像是在浣洗东西，因此被人误解。

不过，动物园等地方饲养的浣熊，的确会将食物放入水中洗过后才吃，尽管并没有清洗的必要。目前尚不清楚这一习性产生的理由，或许它们只是太无聊了吧！

生物名片

哺乳类

- **中文名** 浣熊
- **栖息地** 北美到中美的森林
- **大小** 体长50cm
- **特点** 脚趾又长又灵活

鼩鼱 3 小时
不吃饭就会饿死

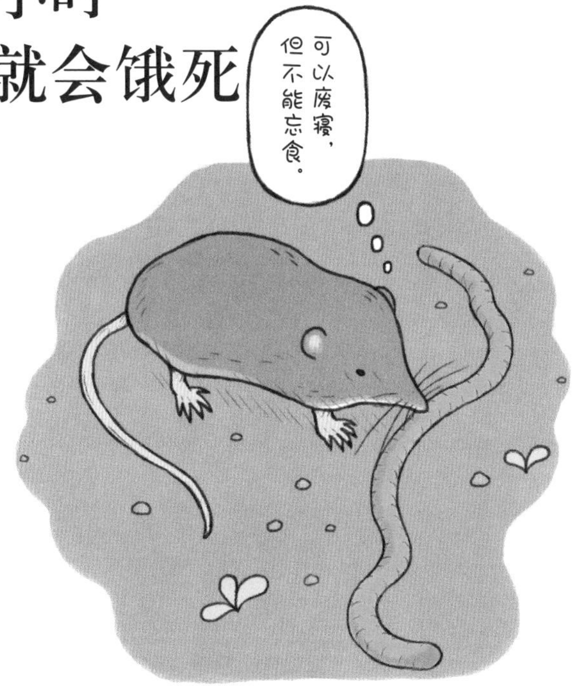

鼩鼱（qújīng）是世界上**体型最小的哺乳动物**，体重最低只有 1.5g，**相当于 1 角硬币的一半重量**。

哺乳动物为了维持心跳等身体机能，必须保持一定的体温，而小型动物的体温很容易受到外界环境的影响，天气稍稍转冷，鼩鼱的体温就会立刻下降。

因此，为了保持体温恒定，鼩鼱必须持续补充能量，**每隔 30 分钟就得吃一顿饭，它们一直这样忙碌地活着**。

生物名片

哺乳类

- **中文名** 姬鼩鼱
- **栖息地** 亚欧大陆北部的草地
- **大小** 体长4.7cm
- **特点** 牙齿含铁质，呈红色

帝企鹅将蛋放在脚上孵化 2 个月

孵蛋也是一种修行。

每到冬天，帝企鹅就会迁徙到距离南极大陆海岸 100km 的地方，**在气温低至零下 60℃的寒冷冰原上产蛋。**

孵蛋是雄企鹅的任务。雌企鹅会将产下的蛋交由雄企鹅放在脚背上孵化——在冬季的南极，**一不小心将蛋掉落的话，蛋就会瞬间冻住。**即使雄企鹅顺利地安放好了蛋，在它们为了抵挡寒风将身体紧紧排成墙时，仍有**不少蛋会在推挤中掉落。**

产后的雌企鹅饥肠辘辘，匆匆奔向海边觅食，两个月后才会回来。在这期间，雄企鹅则**不喝不吃，忍饥冒寒，一动不动地孵蛋。**

生物名片

鸟类

- **中文名** 帝企鹅
- **栖息地** 南极周围的冰原
- **大小** 身高1.2m
- **特点** 擅长游泳，可潜入水下500m深处

雄性密刺角鮟鱇会变成雌鱼身上的疙瘩

深海茫茫，动物稀少，雄鱼和雌鱼很难相遇。因此，雄性密刺角鮟鱇一旦邂逅雌鱼，就会咬住不松口，牢牢地附着在雌鱼身上。在这一见钟情的背后，却有残酷的命运等待着雄鱼——雄鱼的皮肤和血管会渐渐与雌鱼融为一体，**最终成为雌鱼的一部分，宛如雌鱼皮肤上的疙瘩**。

当然，雄鱼并不是真的化成了疙瘩，而是借此完成重要的使命——将精子输送到雌鱼体内，繁育后代。**有时，一条雌鱼身上会寄生好几条雄鱼**，如果某条雄鱼的精子没有成功授精，那它可能就真的**只是作为一个疙瘩度过一生了**。

生物名片

硬骨鱼类

- **中文名** 密刺角鮟鱇
- **栖息地** 热带到亚热带的深海
- **大小** 全长40cm（雌鱼）
- **特点** 利用发光的钓鱼竿（吻触手）引诱猎物

海参遇袭时会排出内脏

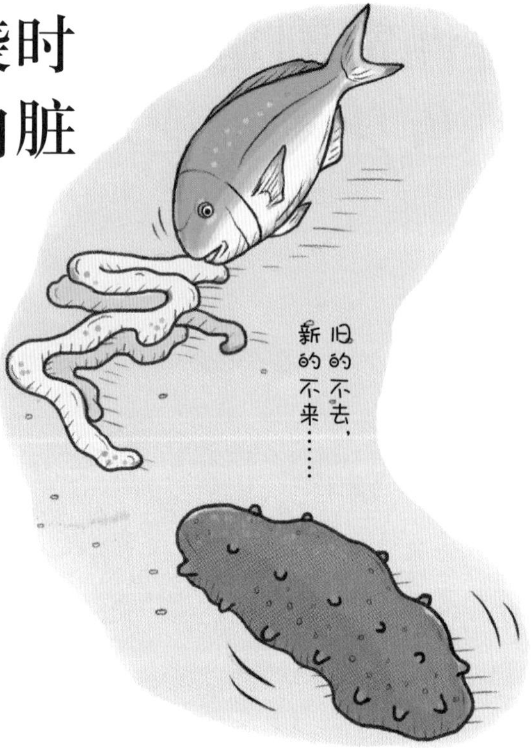

旧的不去，
新的不来……

海参体内含有一种叫作皂苷的毒素，所以它们可以大剌剌（là）地趴在海底不加防备，一般不会遭到袭击。

但在极少数情况下，也会遭到鱼等动物的突袭。这时，海参就会排出内脏。这不是因为受到惊吓而犯傻，而是一种弃车保帅的战略——**让敌人吃掉内脏，自己则乘机逃之夭夭**。这有赖于海参超强的再生能力，**失去的内脏大约 2 个月后就可以再生出来**。

也有一些海参排出内脏是出于另一种战略——**让黏糊糊的内脏缠住敌人的身体，拖住对方**。

生物名片

海参类

■**中文名** 刺参
■**栖息地** 东亚的海底
■**大小** 体长20cm
■**特点** 有蓝色的、红色的、黑色的

臭鼬放的屁越臭越受欢迎

臭鼬（yòu）**因为放的屁奇臭无比而出名**，不过那并不是真正的屁，而是屁股上的臭腺喷射出来的液体。

这种液体的臭味极为强烈，**方圆 1km 内都能闻到，一旦沾染到身上，1 星期都不会散去**，因此有嗅觉的动物都对臭鼬避而远之，不会袭击它们。

不过，臭鼬自己却很喜欢这种臭味，雄鼬和雌鼬会先互闻对方的屁股，然后再交配。为了让下一代能以臭屁为武器御敌，臭鼬会**优先选择放屁更臭的对象来交配**。

生物名片

哺乳类

- **中文名** 条纹臭鼬
- **栖息地** 北美的森林
- **大小** 体长33cm
- **特点** 放屁前，会先倒立以示警告

伞蜥遇敌时只会威吓

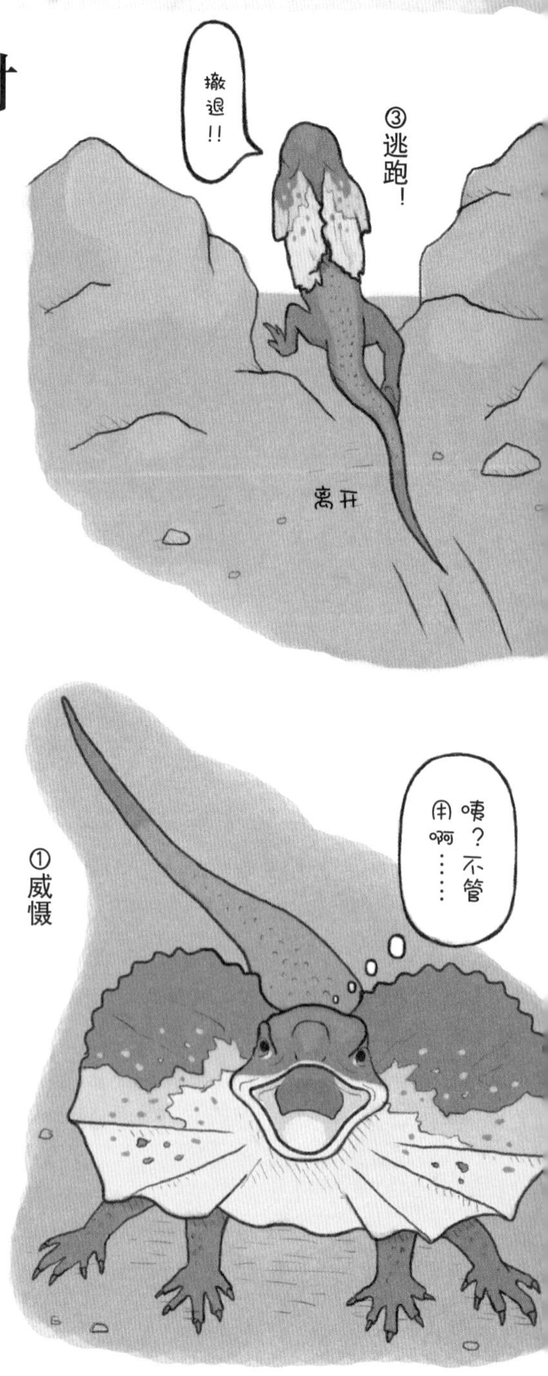

伞蜥大部分时间都待在树上，只有需要捕食昆虫或小蜥蜴时，才会从树上下来。在地面遭遇天敌鹫或者蛇时，它们会立刻用后脚站立，**猛地张开巨大的颈伞**。

然而多数情况下，**敌人根本不害怕**。见事态不妙，伞蜥会迅速转过身，撒丫子一路狂奔、爬到安全的树上。

或许是因为这种应敌方式太过蠢萌，20 世纪 80 年代的一则自行车广告中采用了伞蜥在沙漠中拼命奔逃的身影，由此掀起了一阵追捧伞蜥的热潮。

生物名片

爬行类

- **中文名** 伞蜥
- **栖息地** 澳大利亚和新几内亚的森林或干燥草原
- **大小** 全长75cm
- **特点** 颈部周围有伞状皮褶

兔子会嘴对着肛门吃自己的便便

兔子会吃自己的粪便，而且是**直接把嘴巴凑到屁股上**，真是让人难以想象。

其实，**吃粪便的动物不止兔子**。食草动物的肠胃中生活着分解植物的细菌，将植物分解后，大量的细菌会随着粪便一起被排出体外。兔子吃掉这些粪便，可以二次吸收其中的蛋白质等营养。

顺便告诉你，兔子平时排出的便便是颜色较浅的干燥小圆粒，而**它们只吃像煮黑豆似的黏糊糊的便便**。

生物名片

哺乳类

- **中文名** 穴兔
- **栖息地** 欧洲及非洲的森林或草原
- **大小** 体长43cm
- **特点** 挖洞能手

蚁狮从不排便

蚁狮会在沙土中制造漏斗形陷阱，一旦有猎物不小心落入，它们便**将消化液注入猎物体内，待猎物化成黏糊状再吸食**。

这样的进食方式让人毛骨悚然。不过，这种守株待兔式的狩猎有一个问题，那就是狩不到猎物的日子更多。或许正是因为不想浪费好不容易捕获的猎物，**蚁狮从不排便，它们的肛门是堵住的**。

可是，蚁狮的体内并非没有粪便。化为成虫后，它们会**将体内积存的粪便排干净，然后轻盈地飞上天空**。

生物名片

昆虫类

- **中文名** 蚁蛉（líng，幼虫期叫蚁狮）
- **栖息地** 亚欧大陆和北美各地
- **大小** 前翅长4cm
- **特点** 蚁狮只会倒着走

大苇莺抚养杀子仇人

左看右看，这孩子长得一点也不像我……

大杜鹃只产卵，却从不孵蛋、养育幼鸟。它们会趁其他鸟类，比如大苇莺离巢的工夫，将卵产在人家的巢中。

大苇莺会将自己的蛋和大杜鹃的蛋放在一起孵化。如此脸盲让人哭笑不得，但悲剧还在后面。大杜鹃的雏鸟会本能地将后背碰到的东西挤出去，**如果它们首先破壳而出，就会把其他鸟蛋推出鸟巢**。这样一来，大杜鹃的雏鸟就成了巢中唯一的孩子，可以独享食物。

而大苇莺就在一无所知的情况下，**将杀死自己亲生骨肉的仇人——大杜鹃的雏鸟抚养长大了**。

生物名片

鸟类

- **中文名** 大苇莺
- **栖息地** 亚欧大陆和非洲的森林
- **大小** 全长19cm
- **特点** 偶尔也会识破大杜鹃的蛋

爆炸蚂蚁为赶走敌人会自爆

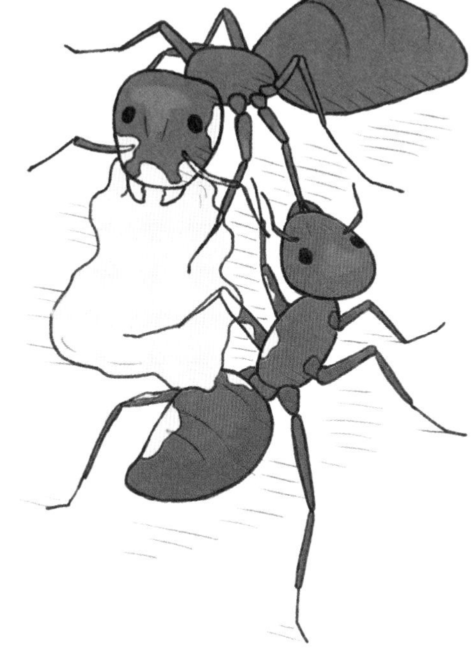

爆炸蚂蚁，正如其名，**它们的身上带有“炸弹”**——从头到腹都塞着装满毒液的袋子（毒腺）。一旦遭到袭击，它们就会引爆袋子，保护巢穴。

而敌人会被黏糊糊的毒液困住身体，难以逃脱，最终中毒身亡。

尽管敌人被毒死了，但**爆炸蚂蚁也并非平安无事，它们会因为腹部开裂而死**。爆炸蚂蚁只有在即将输掉战斗时才会引爆炸弹，**这是它们用来最后一搏的秘密武器**。

生物名片

昆虫类

■**中文名** 桑氏平头蚁
■**栖息地** 马来西亚和文莱的森林
■**大小** 体长6mm
■**特点** 毒液在雨季呈白色，旱季呈米色

蜉蝣的成虫寿命仅有 2 个小时

绚烂却短暂……

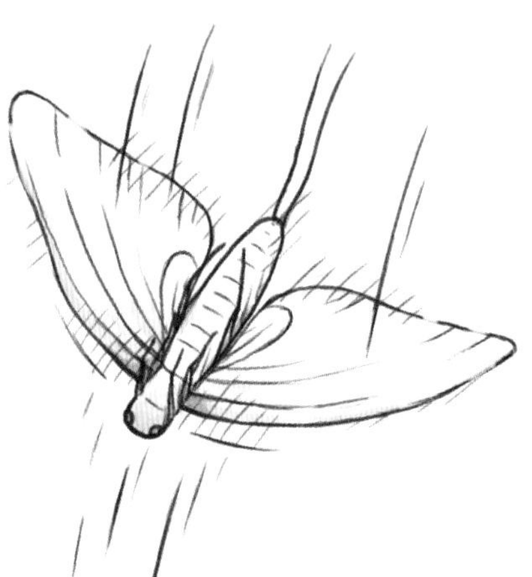

春夏时节，摇曳的光线如同虚幻的阳炎[1]，其实，有一种脆弱的昆虫正像这幻影一般——蜉蝣。蜉蝣的**成虫没有嘴巴**，**无法饮水**，最长也只能活 7 天。

蜉蝣的生命如此短暂，其中**希氏埃蜉的成虫期格外短暂**，**只有 2 个小时**。

为此，希氏埃蜉会成群地同时羽化。时间稍有偏差，**生前可能就无法赶上交配**。有时，大量的希氏埃蜉聚集在道路上，汽车压过它们的尸体后会打滑，从而引发交通事故。

---

①指空气因日照变热上升，导致光线产生不规则折射、如火焰一样跳动的现象。在日语中，读音与蜉蝣相同。

生物名片

昆虫类

- **中文名** 希氏埃蜉
- **栖息地** 东亚的河流
- **大小** 体长1.5cm
- **特点** 幼虫生活在河流中

食卵蛇只吃鸟蛋

没有毒牙也就罢了，食卵蛇连普通的牙齿也没有。因为它们专吃鸟蛋，而吃鸟蛋不需要牙齿，所以牙齿就退化了。

那么，**食卵蛇是怎样进食的呢？答案是囫囵吞下**。整个儿的鸟蛋经过食道时，会被喉咙处的骨质突出物刺破，接着，它们会扭动身体，将蛋挤碎。蛋中的汁液会流入胃部，而蛋壳则会被吐出来。

可是，一年中鸟类的产卵期只有几个月。因此在没有鸟蛋的日子里，食卵蛇**只能忍饥挨饿**，并且由于没有毒牙、战斗力薄弱，**它们不得不一个劲儿地躲避敌人**。

生物名片

爬行类

- **中文名** 非洲食卵蛇
- **栖息地** 非洲的大草原或森林
- **大小** 全长75cm
- **特点** 发出嘶嘶的声音来威吓敌人

北极地松鼠 1 年中一半以上时间都在睡觉

在四季分明的地区，很多动物都有冬眠的习惯。它们通过冬眠节省能量，度过食物短缺的冬季。

可是，北极地松鼠居住的地方，是终年寒冷的北极圈。为此，它们**1 年中有 8 个月时间都在巢穴里冬眠**。

这让人不禁**想给它们颁发“睡神”的称号**。不过北极地松鼠并不懒惰，它们必须自己储存食物。在短暂的夏天，它们完成产崽、育儿后，就会火速地搜寻食物，搬回巢穴储藏，做好过冬的准备。换个角度来看，**北极地松鼠其实是懂得高效工作、劳逸结合的优秀员工呢！**

生物名片

哺乳类

■**中文名** 北极地松鼠

■**栖息地** 北极圈的草地

■**大小** 体长35cm

■**特点** 冬眠时间是哺乳类中最长的

海鞘成体过固着生活

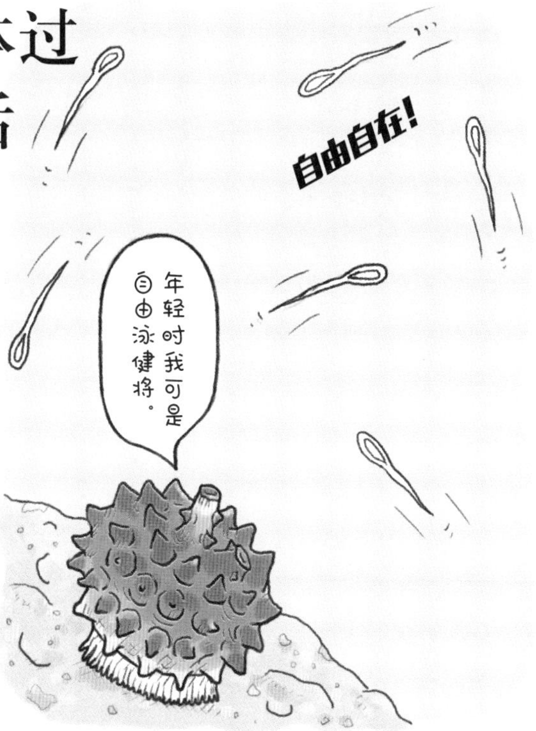

海鞘（qiào）的幼体很像蝌蚪，可以摇晃着尾巴自由地游来游去。不过，它们很快就会找到适合定居的岩石等物体，挂在其突起处，开始变态发育[①]。

变态后的海鞘成体会**一直附着在岩石上，不再移动**。如同壶一般的身体不断吸入海水，滤取养分，就这样度过一生。

像小时候一样自在悠游，这不是挺好的吗？可是**海鞘的幼体没有嘴巴，如果不快点变态，就会饿死**。

---

①指昆虫和两栖类动物的发育过程，从幼体到成体的形态、习性差异很大。

生物名片

海鞘类

- **中文名** 真海鞘
- **栖息地** 寒温带的沿岸海域
- **大小** 体长15cm
- **特点** 雌雄同体

负鼠遭遇袭击时会装死

想必大家都知道，遇到熊躺下装死就能逃过一劫这个说法是假的，然而，北美负鼠却一直认真地贯彻这一理论，把它作为最后的保命王牌。**它们装死的技术炉火纯青，就算被咬，也毫无反应**，还会排出腐臭的液体。而它们的天敌郊狼和美洲山猫不喜欢吃腐肉，看到这样的负鼠会误以为它已经死亡，从而失去胃口。

不过，**当对方处于饥饿状态时，还是会饥不择食地吃掉装死的负鼠**。这下倒霉的负鼠却弄假成真了。

生物名片

哺乳类

- **中文名** 北美负鼠
- **栖息地** 北美的森林
- **大小** 体长40cm
- **特点** 产崽最多的哺乳动物

雄舞虻送给雌性的礼物是空的

舞虻（méng）的求爱方式与众不同。它们**会先举办一场舞会**，大家飞来飞去，寻找交配的对象。接下来，**雄舞虻会将求婚礼物（虫子）送给心仪的对象**，表达爱意。有些种类的雄舞虻还会从前腿的腺体中吐出丝线，**将礼物包好再送出**。

不过，也有些种类的雄舞虻会用空礼盒骗婚。**雌舞虻忙着拆礼物时，它们会趁机完成交配**。

等到雌舞虻回过神来，木已成舟。雌舞虻好不容易拆开礼物，却发现里面空空如也之时，雄舞虻早就拍着翅膀潇洒地离开了。

生物名片

昆虫类

■**中文名** 喜舞虻

■**栖息地** 北美的森林

■**大小** 体长1cm

■**特点** 雄性有时会把礼物包得比身体还大

雌蓑蛾一生都蜗居在蓑囊中

挂在树枝上的蓑蛾，其真实面目是大蓑蛾等的幼虫。雄蛾在蓑囊中化蛹为成虫后，会飞出蓑囊寻找雌蛾。而**雌蛾即使长成成虫，也不会生出翅膀，只能就这样窝在蓑囊中度过一生**。雌蛾与雄蛾交配后，会在蓑囊中产下卵。随着幼虫的陆续孵化，雌蛾的身体会渐渐干瘪（biě），最后从蓑囊下的小孔处坠地而死。

对了，蓑蛾的蓑囊是幼虫用丝、枯叶和断枝结成的，如果你给幼虫提供毛线或剪成细条的彩纸，就能得到自己喜欢的漂亮蓑囊。

生物名片

昆虫类

- **中文名** 大蓑蛾
- **栖息地** 亚热带到热带的森林
- **大小** 前翅长1.7cm（雄蛾）
- **特点** 幼虫用断枝和枯叶制作蓑囊

二星龟金花虫用粪便击退敌人

昆虫的幼虫蜕皮后，一般都会把皮扔掉，二星龟金花虫的幼虫却会**一直背着蜕下的皮**。不仅如此，它们还会将粪便层层堆积在蜕皮上，最后**变得只能看到一坨便便了**。

这样虽然脏兮兮的，但如果从上面俯视，它们就会被当作鸟粪或土块，从而逃过敌人的捕食。另外，就算被敌人发现了，它们也可以抡起背部已经变得尖硬的粪便，与敌人殊死搏斗。

就这样，二星龟金花虫的幼虫一直背负着粪便生活，直到化为成虫。

生物名片

昆虫类

■**中文名** 二星龟金花虫

■**栖息地** 亚洲的森林

■**大小** 体长8mm

■**特点** 成虫全身覆盖着半透明的甲壳

十七年蝉弄错了羽化年份，就会凄惨地死去

十七年蝉，正如其名，**它们要经过 17 年才能羽化成蝉**，成批出现。它们在地下蛰伏 17 年，然后出来交配、产卵，从蝉卵中孵化出来的幼虫，也要在土中蛰伏 17 年。

也就是说，如果某一年十七年蝉现身，那么当地就已经有 16 年没有见到过成虫了。正因为它们常年不出没，所以没有动物瞄准它们为食。而**集体同时羽化，庞大的基数可以降低被敌人捕获的风险**。

不过，**万一不小心弄错了羽化的年份，那就悲剧了**。提前羽化的蝉无论怎样鸣叫也唤不来伙伴，最终只会以被敌人吃掉而草草收场。

生物名片

昆虫类

- **中文名** 周期蝉
- **栖息地** 北美的森林
- **大小** 体长2cm
- **特点** 眼睛是红色的

尖嘴柱颌针鱼看到光就兴奋，夜晚会误入船中

尖嘴柱颌针鱼身体细长，嘴巴的形状如同尖锐的箭。

它们只要见到光，就会朝着光的方向突进。尖嘴柱颌针鱼以在浅水层游动的小鱼为食，而小鱼在阳光的照射下闪闪发亮，所以，它们**一看到光亮，就会误以为美食在前，不假思索地冲上去。**

因此，人们夜晚在海上钓鱼时，有时会遭遇如同箭一般冲着船上的灯飞射而来的尖嘴柱颌针鱼，**甚至发生过人类被尖嘴柱颌针鱼刺中、失血过多而死的事故**。对渔民来说，尖嘴柱颌针鱼甚至比鲨鱼还要可怕。**万一不小心被尖嘴柱颌针鱼刺中了，先不要拔除，马上去医院就诊。**

生物名片

硬骨鱼类

- **中文名** 尖嘴柱颌针鱼
- **栖息地** 西太平洋的温带海域
- **大小** 全长1m
- **特点** 鱼骨呈蓝色或绿色

日本黑褐蚁
容易被当成奴隶使唤

日本黑褐蚁是一种勤劳踏实的蚂蚁，数量众多，但由于战斗力低下，**经常被其他蚂蚁当成奴隶使唤**。

例如，佐村悍蚁凶悍善斗，却完全干不了巢穴中的活计。于是，它们会攻入日本黑褐蚁的巢穴，**贪婪地掳走对方的蛹和幼虫**。被掳走的日本黑褐蚁的蛹和幼虫在佐村悍蚁的巢穴中羽化，**会误以为这里是自己家，一心一意地为诱拐自己的敌人卖力干活**。

此外，也有人曾看到**日本黑褐蚁在血红林蚁的巢穴中勤苦劳作**。

生物名片

昆虫类

- **中文名** 日本黑褐蚁
- **栖息地** 东亚的草地
- **大小** 体长5mm（工蚁）
- **特点** 一个蚁穴中有数只蚁后

啄木鸟啄树就像人脑在撞车

说起啄木鸟，想必大家就会联想到它们用嘴哐哐凿树的样子。它们竟能在 1 秒内啄 20 次树，也就是说，**啄 1 次树仅用 0.05 秒**。

啄木鸟啄树时，头部承受的撞击力是自身重力的 1000 倍！用人类打比方的话，**相当于头部撞上卡车时所受到的冲击**。

不过不必担心，啄木鸟有长长的舌骨包覆着头骨，发挥着保护作用。而且它们的脑子很小、表面积相对较大，受到的冲击力会分散开来，因此不太容易受到致命伤。开个玩笑，**它们如果脑子没那么小，或许也就不会这样愚蠢地自残了吧**。

生物名片

鸟类

- **中文名** 大斑啄木鸟
- **栖息地** 亚欧大陆的森林
- **大小** 全长22cm
- **特点** 雄鸟后脑的羽毛呈红色

大猩猩心思敏感，经常腹泻

与粗犷的外表呈鲜明对比的是，大猩猩的心思非常敏感、细腻。智力发达的它们知道争斗有受伤的危险，却又难以避免，因此有时会忍住不发脾气。

感觉压力很大的时候，大猩猩的**腋下会散发出臭味，而且会像人类一样突然想拉肚子，甚至会吃掉拉出的粪便**。当然，它们一般情况下不会吃大便，出现这样的行为似乎是压力所致。

长着一身结实肌肉的大猩猩看起来强壮凶悍，其实内心却像豆腐一样柔软脆弱。它们常常看起来一副不快的样子，或许是因为烦心事太多了。

生物名片

哺乳类

- **中文名** 西非大猩猩
- **栖息地** 西非的森林
- **大小** 身长1.6m
- **特点** 受到威吓时，会双手捶胸，发出吼声

雌鸟
还给我……
雄鸟
军舰鸟海盗团

军舰鸟经常掠夺其他鸟类的食物

军舰鸟这一强悍的名字，由来是它们会袭击其他鸟类。

军舰鸟时常在海面上巡逻，一旦**发现捕到鱼的鸟，就会立刻追上并围堵对方，让对方吐出食物**。由于鸟类没有牙齿，吞下的鱼吐出来还是完整的，它们就可以占为己有。

军舰鸟为什么会干起海盗的行当？原来，它们虽然是海鸟，却**并不会游泳，连漂浮在海面上也做不到**。这样一来，想要捕到鱼，就必须贴着水面飞行，这对它们来说可是高危运动。因此，索性不如抢劫，以免饿坏了自己。

生物名片

鸟类

- **中文名** 大军舰鸟
- **栖息地** 太平洋及印度洋的热带到亚热带海域
- **大小** 全长90cm
- **特点** 雄鸟的前颈有红色喉囊

牛每天要流 180 升口水

牛的胃分为 4 室。它们吃下草料之后，会让草料在胃里进行一次发酵，然后将其吐回口中二次咀嚼，使其与唾液充分混合，之后再次吞下消化。这种进食方式叫作“反刍（chú）”。

由于植物经过发酵会变成酸性，容易损伤内脏，因此，牛在吃草时会**用碱性的口水来中和酸性，将胃部调理到健康状态**。

一只牛每天要吃掉多达 60kg 的草料，因此**必须分泌总量相当于 90 瓶 2 升装可乐的口水**，才能维持庞大的身体所需。

生物名片

哺乳类

■**中文名** 牛

■**栖息地** 在全世界范围内被作为家畜饲养

■**大小** 身高1.4m

■**特点** 牛的鼻纹像人类的指纹一样，各不相同

菜粉蝶的幼虫一吃卷心菜，就会遇袭

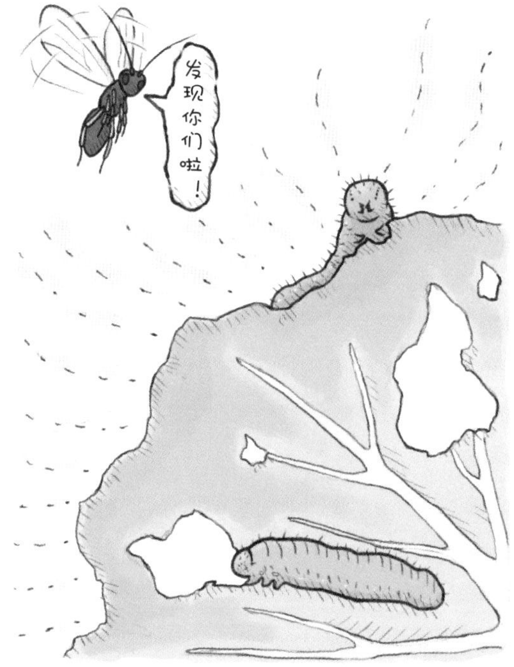

菜粉蝶的幼虫特别爱吃卷心菜的叶子。或许你不知道，其实大多数昆虫是不吃卷心菜的，因为卷心菜中含有一种让昆虫觉得很难吃的物质。

这样一来，菜粉蝶就可以独占卷心菜了。不过，**卷心菜也不会乖乖地任由它们吃掉自己**。卷心菜的叶子一旦遭到啃噬，就会散发出一种特别的气味，**这种气味会招来寄生蜂**。寄生蜂会将自己的卵注入菜粉蝶的幼虫体内，这些卵孵化成虫后会把宿主吃掉。

菜粉蝶时常在卷心菜田的上空飞舞翩跹，看起来悠闲自得，而在这背后，却历经了一场悄无声息的战斗。

生物名片

昆虫类

■**中文名** 菜粉蝶
■**栖息地** 温带到亚热带的农地
■**大小** 前翅长2.5cm
■**特点** 雄菜粉蝶的翅膀在紫外线的照射下呈黑色

屎壳郎一生钟爱大便

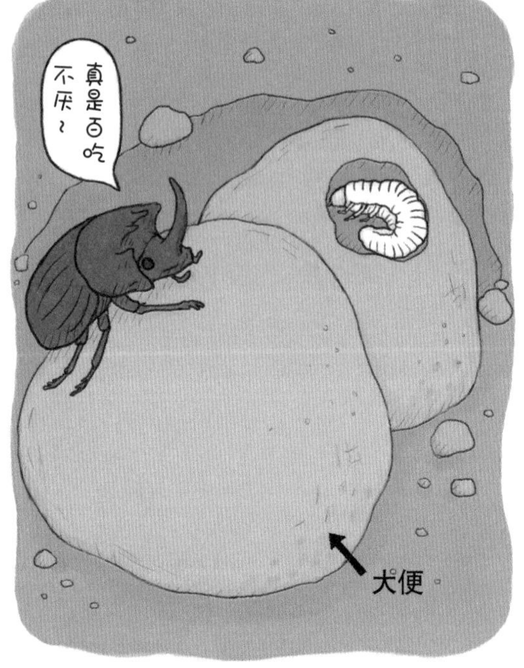

化蛹的昆虫，从幼虫到成虫，身体构造会发生巨大的变化，通常食物也会随之变化。不过，臭蜣（qiāng）螂从幼虫到成虫口味不变（钟爱大便），所以人们也叫它“屎壳郎”。

大便是食物的残渣，没什么营养。于是，屎壳郎机智地用数量补足。反正**很少有动物愿意吃粪便，它们可以尽情吃个够**。不过，屎壳郎之间偶尔也会发生“食物哄抢事件”，那激烈的场面如同末日大战。

生物名片

昆虫类

- **中文名** 臭蜣螂
- **栖息地** 东亚的牧场
- **大小** 体长2.6cm
- **特点** 消化吸收能力强，消化道长达体长的10倍

田鳖的雄性守护卵，雌性破坏卵

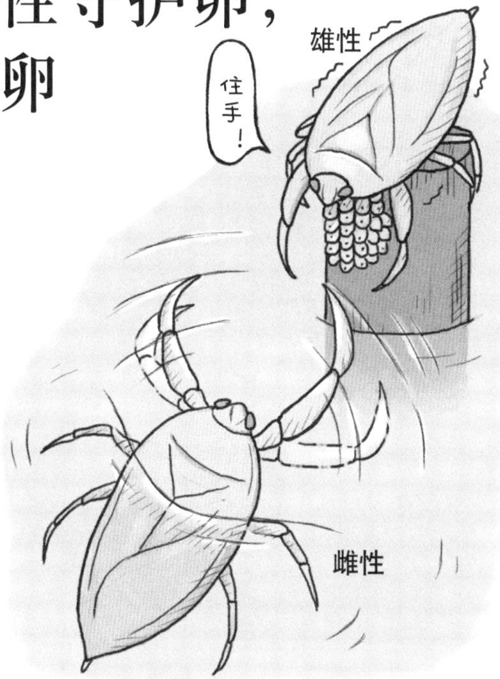

雄性

住手！

雌性

田鳖有一个很奇特的习性——**雄田鳖会守护卵**，而雌田鳖产卵后便不知所踪，留下的卵则成了其他尚未产卵的雌田鳖的破坏目标。

护卵期间，雄田鳖不交配。因此，**还没有产卵的雌田鳖会先将雄田鳖守护的卵破坏掉，然后勾引雄田鳖与自己交配。**

起初，面对雌田鳖的破坏行为，雄田鳖会奋起抵抗。可是雌田鳖的体型更大，轻而易举就能攻破雄田鳖的防线。卵被毁掉后，**雄田鳖竟若无其事地开始与杀子仇人交配**，然后继续守护对方新产的卵。

生物名片

昆虫类

- **中文名** 田鳖
- **栖息地** 东亚的池塘或水田
- **大小** 体长5.6cm
- **特点** 将口器刺入猎物，注入消化液使其融化，然后再吸食

藏酋猴打架靠猴崽来劝架

藏酋猴性情暴躁，雄性之间经常打架。输了的雄猴会向对方道歉以求原谅，但对方余怒未消，死活不肯原谅。

于是，为了平息对方的怒火，认输的一方会从族群里挑出一只小猴子，带到对方面前。而**雄猴非常喜爱孩子，一看到可爱的猴崽，瞬间就会变得和蔼可亲**。

气氛终于缓和了下来，两只雄猴将小猴子高高举起，用胳膊“架桥”逗它玩耍，然后和好如初。

生物名片

哺乳类

■**中文名** 藏酋猴
■**栖息地** 中国的山地
■**大小** 体长60cm
■**特点** 名字中虽然有"藏"字，但并不居住在西藏

海豚睡着的话会溺死

海豚与人类一样是哺乳动物，不过它们习惯在水中生活，无法在陆地上生存。可是，**海豚不能像鱼那样用鳃呼吸**，它们必须经常把头露出水面，用长在头顶的鼻孔换气。

因此，海豚**一旦陷入沉睡，就会溺水而死**。可是总不睡觉的话，身体吃不消呀。于是，它们会贴着水面缓慢地游动，两只眼睛每隔几分钟就交替着闭上，左右脑每隔半分钟就轮流休息。虽然谈不上安眠，但**1 天中左右脑各休息 300 多次，也算睡觉了吧**。

生物名片

哺乳类

- **中文名** 东方宽吻海豚
- **栖息地** 太平洋及印度洋的亚热带到温带海域
- **大小** 体长2.5m
- **特点** 发出超声波来感知周围

雄螳螂常被雌螳螂吃掉

螳螂是极具攻击性的动物，只要眼前有比自己小的东西在动，**不论敌我，它们都会尝试着去攻击。**

这样一来，雄螳螂在接近雌螳螂时，很可能因为体型相对较小而遭遇厄运。**雄螳螂带着交配的意愿而来，结果却往往化为雌螳螂的腹中餐。**

有时，雄螳螂在交配的过程中被雌螳螂吃掉了脑袋，但几乎所有种类的雄螳螂都是铁骨铮铮的汉子，**即使掉了脑袋，身体也可以继续交配。**不过，有时也会陷入最糟糕的局面——雄螳螂在交配前就被雌螳螂吃掉了，抱憾而死。

生物名片

昆虫类

■**中文名** 枯叶大刀螳
■**栖息地** 亚洲的草地
■**大小** 体长8cm
■**特点** 后翅略带黑色

蜂鸟如果停止汲取花蜜，就会饿死

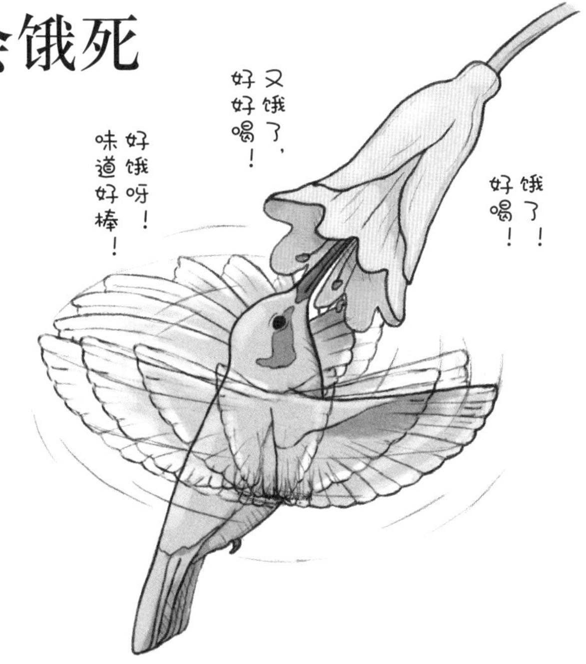

蜂鸟是体型最小的鸟类。吸蜜蜂鸟**体重只有 2g，相当于 2 枚 1 角硬币的重量**。蜂鸟之所以叫这个名字，是因为它们可以像蜜蜂一样悬停在空中。

不过，想要在空中悬停的话，蜂鸟**必须极速拍打翅膀，频率可达每秒 60 次以上**。维持如此高频的运动需要很多能量，因此，1 天中吸蜜蜂鸟必须不断地汲取热量高且易消化的花蜜，否则就会死掉。按体重换算的话，吸蜜蜂鸟**每天摄入的热量是人类的 50 倍**。

为了吃喝来回奔忙，蜂鸟倒不如不做鸟，干脆变成蜜蜂，似乎能活得轻松些。

生物名片

鸟类

■**中文名** 吸蜜蜂鸟

■**栖息地** 古巴的森林

■**大小** 全长5cm

■**特点** 卵也是鸟类中最小、最轻的，长6.5mm，重0.3g

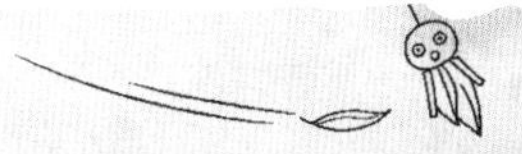

考拉整天睡觉，是因为中了桉树的剧毒

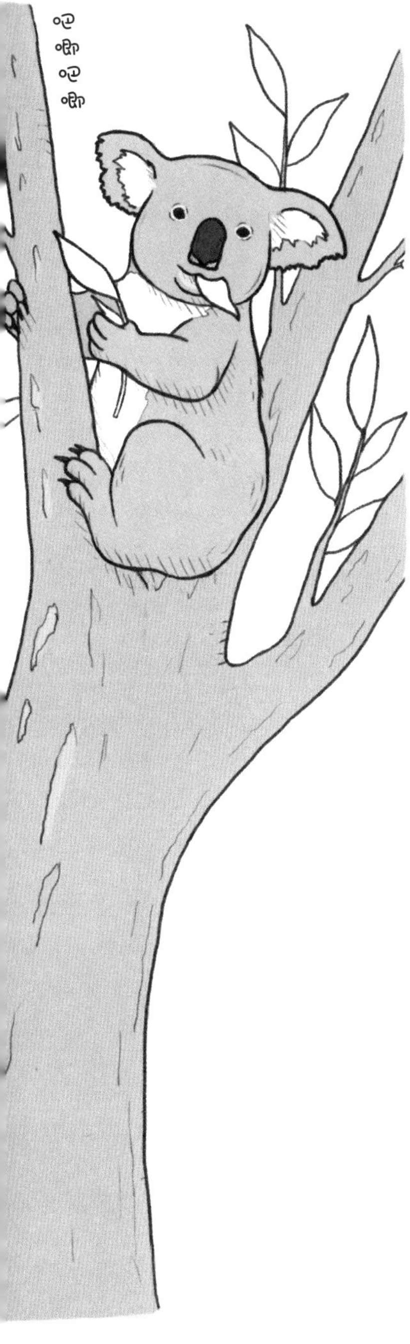

动物界的治愈系代表——考拉经常紧紧地抱住树干不动如山，这其实是有原因的。

考拉的主食——桉树叶中含有氯（lǜ）化氢（qīng）、单宁酸等物质，都是用于配制防虫剂的剧毒。**考拉以其他动物避之不及的毒叶子为食物，从而在生存竞争中幸存了下来。**

不过，能吃不等于百毒不侵。桉树叶不仅营养少，还需要消耗能量解毒。考拉**为了节省能量，只好整天睡大觉了。**

生物名片

哺乳类

- **中文名** 树袋熊
- **栖息地** 澳大利亚东部的森林
- **大小** 体长75cm
- **特点** 幼崽将母亲的粪便当作离乳食

沙漠蝗吃同类

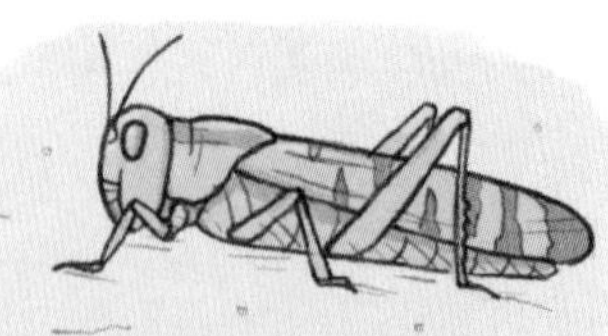

沙漠蝗曾经多次酿成蝗灾，让人类饱受恐惧的折磨，为之困扰。它们聚集成群，**最大的蝗群中个体数量多达 10 亿只**，瞬间就能吃光周围的一切植物和农作物。据说，**为了获得食物，沙漠蝗甚至可以迁徙 5000km**，一边迁徙一边交配、产卵，从而实现爆发式繁殖。

在迁徙的过程中，一旦找不到食物，它们就开始同类相残，数量逐渐减少。**吃够了植物，强者开始不停地吃掉弱小的同伴**。这一时期出生的一代，迎接它们的是弱肉强食的命运。

生物名片

昆虫类

- **中文名** 沙漠蝗
- **栖息地** 西非和南亚的草地
- **大小** 体长5cm
- **特点** 每天要吃掉几乎与身体等重的植物

俪虾终生囚禁在牢笼里

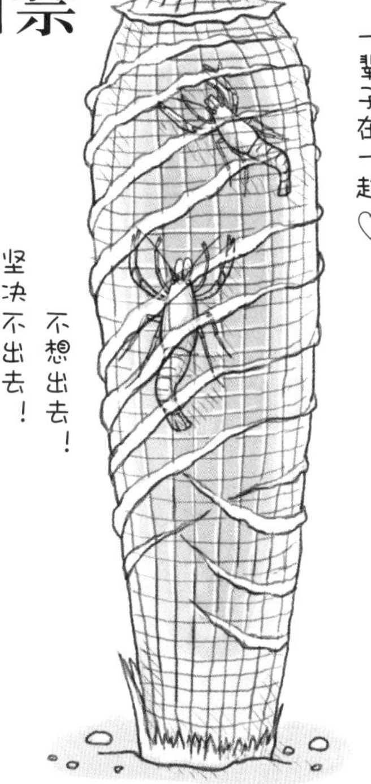

在海底，生活着一种像是用玻璃雕镂而成的海绵动物，名叫“偕老同穴”。**它们体内居住着成对的俪虾，至死不离。**

俪虾从幼体时便成双结对，一起游进偕老同穴海绵的体内。它们在海绵体内逐渐长大，把这里当成自己的家。

偕老同穴海绵的身体非常坚硬，可以抵御外敌，体表的小孔还能困住浮游生物，一并解决吃饭问题，**住在其中简直就是高级宾馆的待遇**。不过，**随着身体渐渐长大，俪虾最后再也无法从小孔中游出去。**

生物名片

甲壳类

■**中文名** 俪虾
■**栖息地** 太平洋的海底
■**大小** 体长2.2cm
■**特点** 长大后才分化出性别

日本弓背蚁最爱喝蚜虫的小便

蚜虫这种昆虫在我们身边随处可见，比如学校的花坛等。它们密密麻麻地趴在蔬菜或果树的叶子上，贪婪地吸取汁液。由于吸取的汁液过多，多余的糖分会化成小便似的蜜露，从肛门排出体外。

这时，日本弓背蚁闻香而来。**喜欢甜食的日本弓背蚁直接把嘴凑到蚜虫的屁股上，咕咚咕咚地喝起蚜虫的尿液来**。在自然界，大量的糖蜜可是相当珍贵的。

作为回礼，日本弓背蚁会释放蚁酸帮蚜虫赶走敌人，某种程度上可以说，**它们是蚜虫用小便雇佣的保镖**。

生物名片

昆虫类

■ **中文名** 日本弓背蚁
■ **栖息地** 亚洲的平原
■ **大小** 体长1cm（工蚁）
■ **特点** 可在地下1～2m深处营造大型巢穴

小蚜虫刚出生就怀孕了

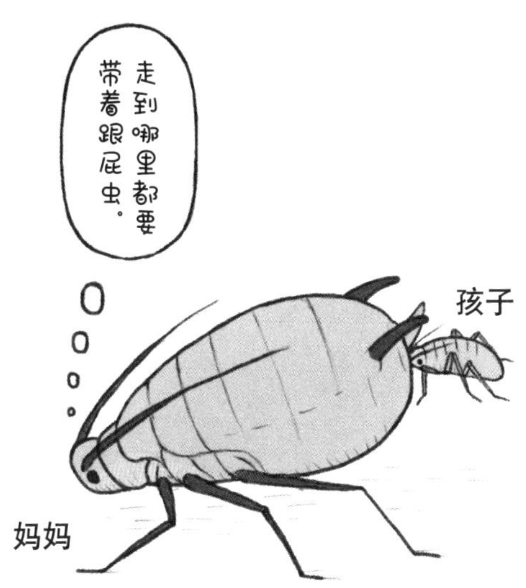

蚜虫的幼虫刚出生，肚子里就怀着孩子。幼虫长大成虫之后，再产下腹中孕育的孩子。

从蚜虫母亲的角度看，在生产的瞬间，自己的闺女就怀上了外孙女。利用这种不可思议的繁殖方式，蚜虫可以在短期内快速繁殖。

蚜虫这种卵胎生的本领叫作单性生殖。由于幼虫只能以卵的形态越冬，它们也会两性生殖。夏末，单性生殖的最后一代也会生出雄蚜虫，因此到了秋天，雌蚜虫会与雄蚜虫交配产卵。**之所以很少能看到雄蚜虫，是因为它们的男女比例严重失调**。

生物名片

昆虫类

■**中文名** 玫瑰长管蚜

■**栖息地** 东亚的草地

■**大小** 体长2mm

■**特点** 雌雄交配产下的卵，孵化出的都是雌性

貘屁股不沾水就拉不出大便

貘一直坚守着一个原则：**大便一定要拉在水里**。据说这是为了防止老虎等天敌循着粪便的臭味或痕迹追来，发动袭击。

在水中大便，感觉就像在浴池里大便似的，不过貘并不在意。即便在没有天敌的动物园里，如果没有水池，貘也无法安下心来，完全拉不出便便。动物园里曾有貘便秘已久，**直到工作人员用软管对着它的屁股喷水，积存的粪便才终于喷涌出来**。

另外，传说中貘能食人噩梦，但其实它们不会做梦。

生物名片

哺乳类

- ■**中文名** 亚洲貘
- ■**栖息地** 东南亚的森林
- ■**大小** 体长2.3m
- ■**特点** 幼崽的身上有条纹

金枪鱼一旦停止游泳，就会窒息而死

我们哺乳动物用肺呼吸，大多数鱼类则用鳃呼吸。鳃盖闭合，鳃内的血管吸收水中的氧，然后鳃盖张开，排出水。

可是，**金枪鱼的鳃是不能开合的**。它们游泳时一直张着嘴巴，水从嘴巴流入鳃，从而得以呼吸。**金枪鱼的泳速近乎是同样大小的鱼的3倍**，耗氧速度也非常快，通过开合鳃来呼吸的话，供氧速度远远赶不上耗氧速度。

不过，也正是拜这样的身体构造所赐，**金枪鱼一旦停止游泳，就会缺氧而死**。

生物名片

硬骨鱼类

■**中文名** 金枪鱼

■**栖息地** 热带到温带的太平洋海域

■**大小** 全长2m

■**特点** 体温比周围水温高5℃～15℃

海獭如果不持续进食就会冻死

说起海獭（tǎ），或许大家脑海中首先浮现的是它们轻悠悠漂浮在水面上的可爱模样。海獭之所以能这样漂浮在水面上，全靠身上浓密的毛。**一只海獭全身有8亿根毛，密度相当于在1平方厘米的皮肤上长了人类全部的头发**。毛与毛之间积存了大量空气，仿佛自带了救生圈，所以海獭不会沉到水底。

细密的毛还具有保温功能。海獭看起来胖嘟嘟的，其实几乎没有**皮下脂肪，皮毛下面瘦骨嶙峋（línxún）的**。为了保持体温，海獭每天的进食量至少要达到体重的1/4，否则就会体温下降，最终被冻死。

生物名片

哺乳类

- ■**中文名** 海獭
- ■**栖息地** 北太平洋沿岸海域
- ■**大小** 体长1.3m
- ■**特点** 休息时会用海草缠住身体，以防被水流冲走

秃头鹦鹉的秃头有损作为鹦鹉的风姿

秃头鹦鹉的头部没有羽毛，橙色的皮肤完全裸露在外。

虽然也有其他鸟类是秃头，比如秃鹫等，但它们秃头是有理由的。在吃动物的尸体时，**它们会将头扎入腐肉中，脑袋经常会沾染上血污和脂肪，没有羽毛更便于清洁。**

可是，秃头鹦鹉的食物是植物的种子和果实，似乎没必要变成秃头。它们之所以长成了秃头，是因为在其生活的亚马逊热带雨林中，有些树木会结出富含油脂的巨大果实。为了吃到果实的核心部分，秃头鹦鹉会一头扎入果实中。这样看来，**留秃头更卫生啊！**

生物名片

鸟类

- **中文名** 秃头鹦鹉
- **栖息地** 巴西的森林
- **大小** 全长23cm
- **特点** 幼鸟并不是秃头，随着渐渐长大，头上的羽毛脱落

大熊猫每天都在吃的竹叶，几乎没什么营养

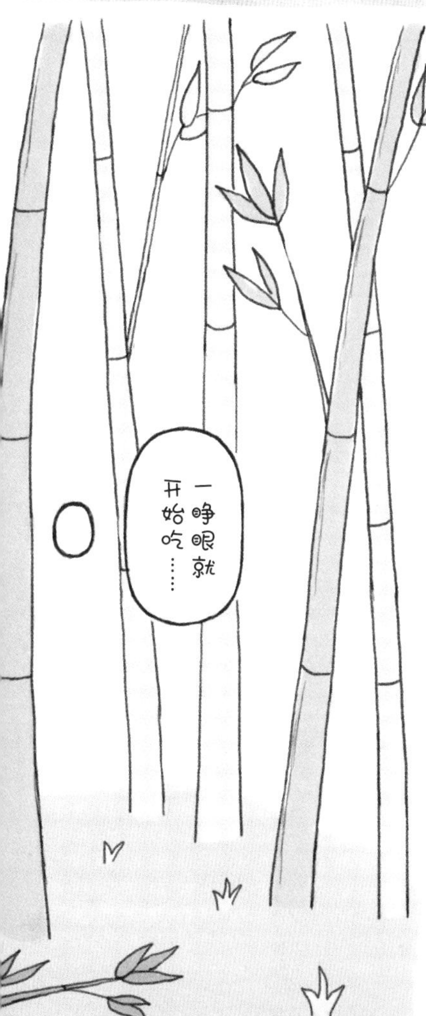

一说起大熊猫，你是不是马上想到了它们啃竹子的可爱模样？其实，竹子是一种缺乏营养、难以消化的食物。

大熊猫原本是熊的同类，作为杂食性动物，也吃肉类和果实。但在很久以前，它们被别的熊赶出了栖息地，不得不生活在只有竹子生长的高山上。换句话说，**大熊猫在生存竞争中处于劣势，从此陷入了每天只能吃难以消化的竹子的境地。**

在动物园，饲养员会投喂大熊猫各种富含营养的食物。**大熊猫吃竹子，只是一种可悲的习惯。**

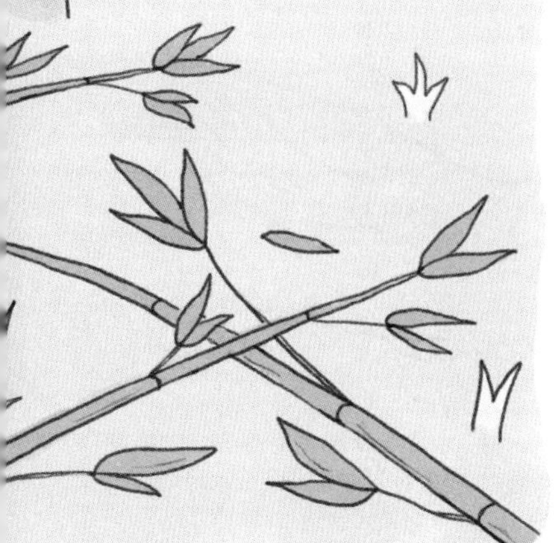

生物名片

哺乳类

- **中文名** 大熊猫
- **栖息地** 中国西南部的山地
- **大小** 体长1.2m
- **特点** 用前掌的两个突起握住竹子

超级爱吃鱼的海豹

大家好，我是海豹。

别看我貌不惊人，

其实我在水族馆里超有人气。

我可是实力派演员，

来看我的观众为数不少呢！

对了，我还是狩猎能手，

在海中游速极快，身手敏捷，

用嘴捉鱼也是易如反掌。

不过，据说在很久以前，

我们的祖先生活在陆地上。

至于它们为什么会远行来到大海，

有这样一个传说……

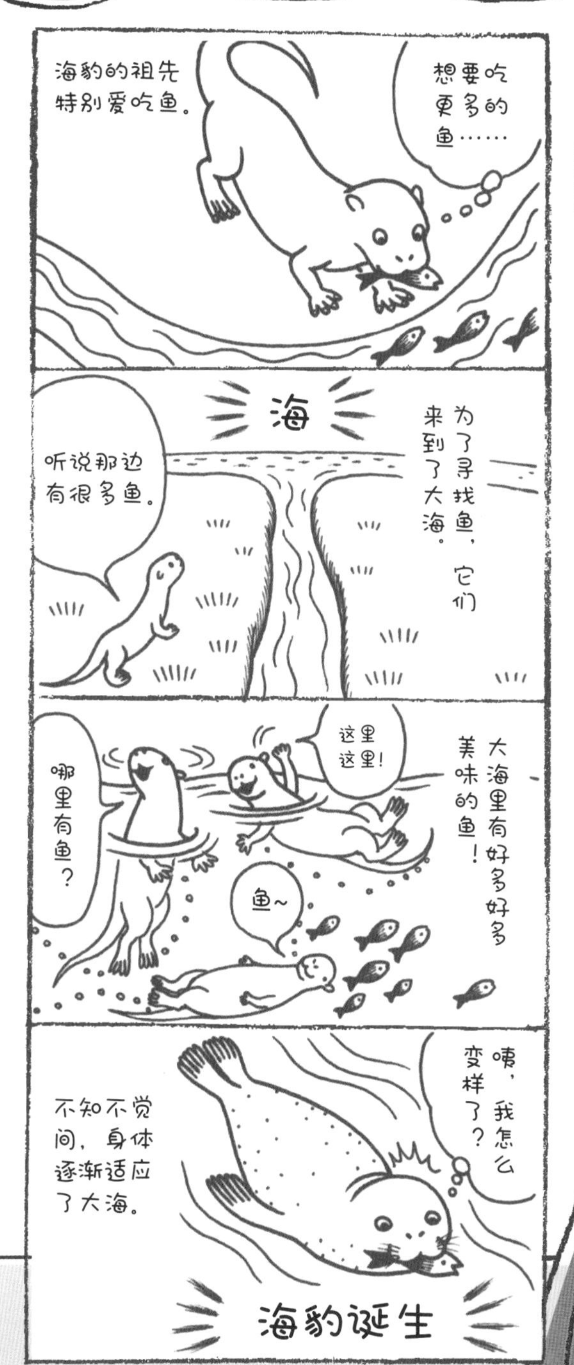
海豹的祖先特别爱吃鱼。
想要吃更多的鱼……
海
为了寻找鱼，它们来到了大海。
听说那边有很多鱼。
大海里有好多好多美味的鱼！
这里这里！
哪里有鱼？
鱼~
咦，我怎么变样了？
不知不觉间，身体逐渐适应了大海。
海豹诞生

第4章 让人遗憾的能力

本章介绍的生物，
都拥有一些奇奇怪怪的能力，会让你感到不可思议：
“怎么会这样？真让人费解啊！”

翻页动画小剧场

金乌贼的体内
藏着一个秘密……

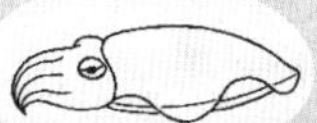

沟齿鼠的毒液没什么用

沟齿鼠与鼹（yǎn）鼠是同类，有毒，这在哺乳动物中非常罕见。咬住猎物的同时，它们会**从前齿的细孔中释放有毒的唾液，注入猎物体内**。

但实际上它们的毒液没什么意义。沟齿鼠以昆虫、蚯蚓等小动物为食，**即使没有分泌毒液的本领，也能轻松猎捕到这些动物**。而且沟齿鼠在栖息的岛上**几乎没有天敌，也谈不上用毒液来自卫**。

另外，在人类将猫和狗带到岛上之后，沟齿鼠遭到了它们的袭击，**可毒液并没有起到任何作用**。今天，沟齿鼠已经濒临灭绝。

生物名片

哺乳类

■**中文名** 海地沟齿鼩

■**栖息地** 加勒比海的部分岛屿

■**大小** 体长30cm

■**特点** 是鼩鼱类中体型最大的

古氏龟蟾不会跳也不会游，入水就会淹死

正如其名，古氏龟蟾（chán）是一种长得像龟的蛙，但**它们既不会跳跃也不会游水，只会用强壮的前足挖洞**。它们潜入白蚁的巢穴，以白蚁为食。

古氏龟蟾不在水中产卵，而是将卵产在深深的地下。卵的直径约0.7mm，其中含有丰富的营养物质。这些营养足以支撑幼体的发育成长。古氏龟蟾没有蝌蚪期，它们破卵而出时，就已经变态成幼蛙了。

虽然**过着鼹鼠般的生活**，但古氏龟蟾是实实在在的蛙类。

生物名片

两栖类

■**中文名** 古氏龟蟾

■**栖息地** 澳大利亚西部的地下

■**大小** 体长6cm

■**特点** 雨后会爬到地面上交配

瓢虫难吃到鸟会吐出来

瓢虫体表呈红色或黄色，上面点缀着黑色或白色的斑点，色彩鲜艳，看起来非常可爱。从春到秋，在学校的花坛等地方都有它们的身影，或许你也曾捕捉过一两只。**瓢虫受到强烈刺激时，会释放出一种黄色液体。这种液体的味道极其苦涩**，连鸟儿吃了都会吐出来。瓢虫正是通过释放这种液体来驱赶敌人、保护自己的。

另外，瓢虫那缤纷艳丽的体色，其实也是在向周围的敌人宣告："我很难吃哦！"你有没有觉得，**它们的体色和毒蘑菇很像呢**？

生物名片

昆虫类

- **中文名** 七星瓢虫
- **栖息地** 亚欧大陆和北非的草地
- **大小** 体长7mm
- **特点** 以吸食草汁的蚜虫为食

科莫多巨蜥的口腔特别脏

动物虽然不刷牙，但由于它们直接生吃几乎不含糖分的食物，口腔出乎意料地洁净。

但是也有例外，**科莫多巨蜥的口腔相当脏，其中寄生着多种致病菌**。当它们撕咬猎物时，这些病菌就会侵入猎物的肉中，使其腐烂。

不仅如此，它们的口腔内还有毒腺，牙齿间会流出毒液。利用病菌和毒液这两大武器，足以将猎物置于死地。猎物即使侥幸逃过一劫，**在病菌和毒液的双重威迫下**，也会在几小时后丧命。

生物名片

爬行类

■**中文名** 科莫多巨蜥

■**栖息地** 印尼科莫多等岛屿的森林

■**大小** 全长3m

■**特点** 雌性有时不需要交配即可单性生殖

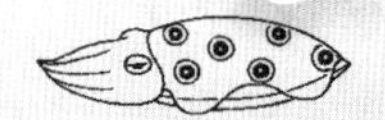

变色龙变色全看心情

变色龙的身体会配合周围环境的明暗瞬间变色，但其实它们**变不变色主要看当时的心情**。这一结论的证据是，**即使将变色龙的眼睛蒙上，它们仍会不停地变换体色**。

变色龙的种类不同，变化的颜色也不一样。但整体来看，变化的颜色与心情关系密切，比如**感觉热时会变为浅色**，**生气时变为红色**，**恐惧时则变为灰色**。

刚刚把身体变成绿色，和森林融为一体，结果**因为生气瞬间变红**，**被敌人发现**——这样的事情时有发生。

生物名片

爬行类

■**中文名** 豹变色龙
■**栖息地** 非洲马达加斯加北部的森林
■**大小** 全长40cm
■**特点** 长有宽而扁的头冠

金乌贼可以巧妙地变色，自己却是色盲

金乌贼**可以在一瞬间变换体色，因此被称为“海洋变色龙”**。

金乌贼的**皮肤中混有红、黄、棕3种色素细胞和虹细胞**（能够折射光线，形成金属色泽），通过活动肌肉舒张或收缩色素细胞，身体就能呈现不同的颜色。这一特殊能力不仅能用来诱捕猎物、迷惑敌人，还可以与同伴交流。

不过，金乌贼的眼睛无法识别色彩，只是分辨大小就已经费尽力气了。据说，**无论体色怎样变化，金乌贼的眼中只有蓝色**。

生物名片

头足类

■**中文名** 金乌贼

■**栖息地** 中日海域的海底

■**大小** 胴体长22cm

■**特点** 体内有叫作“乌贼骨”的长椭圆形内壳

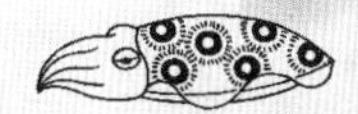

金花鼠的尾巴很容易断，而且无法再生

金花鼠善于活用自己那簇蓬松的尾巴，比如用它在树上保持平衡，把它当作毯子抱着睡觉，等等。

它们的尾巴虽然用途多多，但**稍微拉扯一下就可能脱落**。遇袭时，它们会断尾逃生，尾骨周围的皮毛滋溜一下就剥离了。这是所有松鼠共同的招数，**和蜥蜴想出的逃跑方法一样**。

可是，松鼠的尾巴不会再生。想把金花鼠作为宠物饲养的话，请**千万不要拽它们的尾巴玩耍，这对它们来说可是酷刑**，一不小心尾巴就会断掉。

生物名片

哺乳类

- **中文名** 西伯利亚花栗鼠
- **栖息地** 亚欧大陆北部的森林
- **大小** 体长13cm
- **特点** 将食物塞在脸颊内侧的颊囊中运走

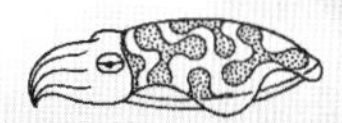

孤狼听起来很酷，其实过得很苦

“孤狼”这个词，通常用来形容不依靠组织、仅靠一己之力生存的人。但在现实中，**一只离开狼群、独自生活的狼，在狼界中处于弱势地位**。

幼狼长到 2 岁左右，就会离开父母所在的狼群，开始独立生活。直至找到配偶、攻占其他狼群，它们才结束孤狼时期。但**如果力量不足，就不得不孤独终老**。孤狼看似展示了一种顽强的形象，实际上却恰好相反，它们的内心想必很无奈：**“孤胆英雄非我所愿啊！”**

生物名片

哺乳类

- **中文名** 灰狼
- **栖息地** 亚欧大陆和北非的森林
- **大小** 体长1.3m
- **特点** 以占据优势的雄狼和雌狼为中心组建狼群

睡鼠在冬眠中醒来会丧命

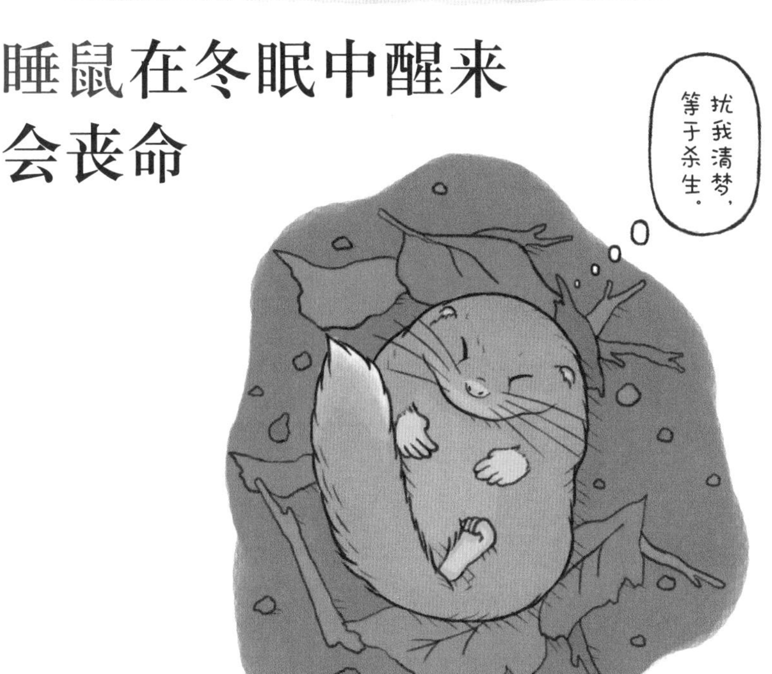

一旦气温下降，睡鼠就会在落叶下等地方蜷缩成一团，进入冬眠。它们一动不动地睡着，好像死了似的，**这时绝对不能吵醒它们。**

或许你会觉得“醒了还可以再睡嘛”，但对睡鼠来说并非如此。**冬眠中的睡鼠体温从37℃降至接近0℃**，醒来后恢复体温需要消耗大量的能量。虽然可以动用冬眠前积存的脂肪，但由于体型娇小，睡鼠的脂肪储备非常有限。

因此，如果在冬眠期间多受打扰，春天来临时，睡鼠就会**因为无法恢复体温而死去。**

生物名片

哺乳类

■**中文名** 日本睡鼠
■**栖息地** 日本的山地
■**大小** 体长7cm
■**特点** 背部的黑色条纹酷似树枝的影子，因而不易被发现

蜜罐蚁储存了一肚子的蜜，自己却吃不了

蜜罐蚁会**将花蜜储存在同伴的腹中**，以备不时之需。

在蜜罐蚁群中，一部分工蚁负责采蜜，体型较大的工蚁则作为活体仓库将蜜储存在腹部。工蚁采回花蜜后，会嘴对嘴喂给贮藏蚁。贮藏蚁的腹部渐渐胀得滚圆。**为避免腹部被撑破、花蜜流出，它们只好倒吊在巢穴顶部**。

不过，贮藏蚁空有一肚子的蜜，自己却无法享用。花季过后，它们便将蜜从口中吐出来，**大方地分给同伴**。

生物名片

昆虫类

■**中文名** 蜜罐蚁

■**栖息地** 北美和澳大利亚的沙漠

■**大小** 体长1.5cm（贮藏蚁）

■**特点** 蚁腹中的蜜对人类来说也很美味

蓝鲸竟然打不过虎鲸

盛名之下，
也怕群殴~

蓝鲸是世界上最大的动物。最大的蓝鲸体长 34m，体重达 190t，**即便恐龙复活，在体重方面也甘拜下风。**

如此无可匹敌的蓝鲸，却会受到一种动物的袭击——被称为“鲸之杀手”的虎鲸。

虎鲸长着锋利的牙齿，喜欢猎捕鱼和海狗，堪称是海洋里的顶级猎手。它们以超过蓝鲸的游速对蓝鲸实施围追堵截，发动集体攻击。**按体重换算的话，相当于人类被一群猫崽咬死。**

生物名片

哺乳类

- **中文名** 蓝鲸
- **栖息地** 世界各大洋
- **大小** 体长34m（最大）
- **特点** 每天要吃掉好几吨磷虾和小鱼

冠海豹的鼻子会膨胀成气球

雄冠海豹有着又黑又大的鼻子。它们即使陷入争斗，也不会互相伤害，而是遵守一种特别的战斗规则：各自闭上鼻孔，往鼻子里充气，**鼻子膨胀得更大的一方获胜**。

如果凭鼻子的大小分不出胜负，比斗就会进入第二阶段。双方各自翻出一只鼻孔的黏膜，吹气让黏膜膨胀起来。**谁的黏膜膨胀得更大，谁就是最终的获胜者**。圆鼓鼓的黏膜因为充血，看起来像只红色的大气球。

生物名片

哺乳类

- **中文名** 冠海豹
- **栖息地** 北冰洋到北大西洋的沿岸
- **大小** 体长2.4m
- **特点** 母亲只喂孩子4天母乳

鳄冰鱼在超过 3℃的海水中会窒息而死

或许你不曾想到，比起温暖的海水，有很多生物更喜欢冰冷的海水。一般情况下，水温越低，溶氧量就越大。有了充足的供氧，浮游生物长势良好，以它们为食的鱼类也会增多。

鳄冰鱼很适应在极寒的海水中生活，**即使水温低于 0℃**（海水中含有大量的盐，冰点比淡水低），**它们也不会冻坏。**

相反，**一旦水温超过 3℃，鳄冰鱼就会立刻死去。**它们平常直接通过皮肤吸收水中的溶解氧，血液中没有输氧的红细胞。而一旦水温升高，溶氧量降低，它们就会因为无法给身体供氧，窒息而死。

生物名片

硬骨鱼类

■**中文名** 眼斑雪冰鱼

■**栖息地** 南极圈的海洋

■**大小** 全长40cm

■**特点** 血液无色透明

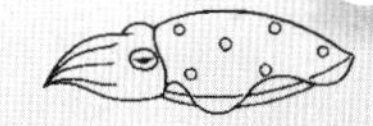

蜂蜜其实是蜜蜂的呕吐物

一只蜜蜂终其一生仅能攒下 5g 蜂蜜。为了这一小勺蜂蜜，蜜蜂要花费大量的时间和劳力。

工蜂将采回的花蜜储存在腹中带回巢穴，吐给留守在巢穴中的工蜂，这只工蜂再用嘴把花蜜传给下一只工蜂，**它们口口相传，像接力赛一样，直到将花蜜送达仓库**。

在嘴对嘴传接的过程中，花蜜中的水分不断流失，最终被酿成黏稠的蜂蜜。由此可见，**每一滴蜂蜜都来之不易**，是蜜蜂们共同努力的结晶。

生物名片

昆虫类

■**中文名** 意大利蜜蜂

■**栖息地** 在世界范围内被广泛饲养

■**大小** 体长1.3cm（工蜂）

■**特点** 不仅会酿蜜，还会用后足将花粉运回巢穴

黑猩猩不会说话都是拜喉咙的构造所赐

大约在 500 万年前，黑猩猩与人类从共同的祖先分化而来。它们非常聪明，甚至可以用手语与人类交流。

但是，黑猩猩却不能像人类一样说话，因为它们**不会用嘴呼吸**。在所有哺乳动物中，只有人类会用嘴呼吸。

由于**无法像人类那样调节从口中呼出的气息量，黑猩猩无法区分细微的发声差别**，也就模仿不了人类说话。喉咙没有跟上大脑的进化，实在令人惋惜。

生物名片

哺乳类

- **中文名** 黑猩猩
- **栖息地** 非洲的森林
- **大小** 身长80cm
- **特点** 肉食性强，会袭击小猴子

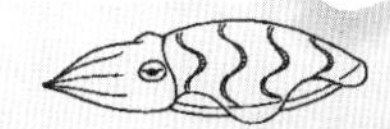

99.99% 的翻车鱼都无法长大

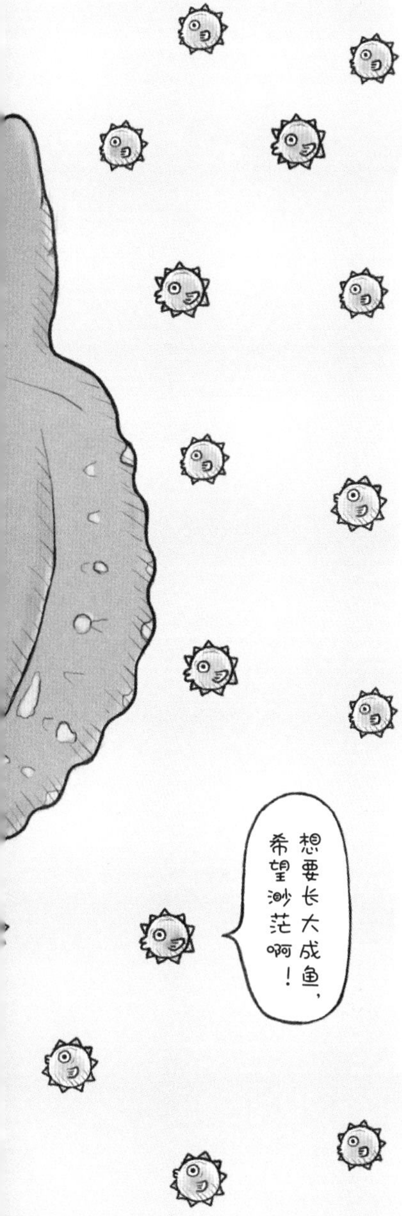

翻车鱼全长 3m，体重超过 2t，是世界上最重的硬骨鱼。然而它们的卵直径只有 1.5mm 左右，**雌鱼一次最多能产 3 亿颗卵**。

如果这么多卵都能长大成鱼，那么海洋早就是翻车鱼的天下了。然而，翻车鱼**游泳速度缓慢，也没有什么防御手段**。因此，3 亿颗卵中，大约只有 2 颗卵能够长大成鱼，也就是说，卵的死亡概率高达 99.999999%。

对翻车鱼来说，**能够长大比中头彩还要难不知道多少倍。**

想要长大成鱼，希望渺茫啊！

生物名片

硬骨鱼类

- **中文名** 翻车鱼
- **栖息地** 温带到热带的海洋
- **大小** 全长1.8m
- **特点** 靠摆动长长的背鳍（上）和臀鳍（túnqí，下）游动

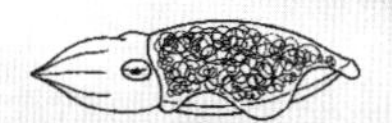

蝎子在紫外线下会发光，但毫无用处

100 元人民币在紫外线的照射下，正面中上方会呈现数字“100”的荧光暗记，人们用这种方法来鉴别钞票的真假。类似地，**蝎子在紫外线的照射下，身体会发出蓝绿色的光**，但这并没有什么特殊作用。

很多动物都能看到紫外线，比如昆虫等，可蝎子**属于夜行性动物，很少暴露在紫外线下，而且它们根本看不到紫外线。**

有人认为，蝎子这种无意义的荧光作用，是祖先机能的残留。很久以前，它们的祖先在白天活动，因而具备了反射紫外线的本领。

生物名片

螯肢类

- **中文名** 帝王蝎
- **栖息地** 非洲的森林
- **大小** 体长20cm
- **特点** 世界上最大的蝎子

鼯鼠很不擅长从树上下来

鼯（wú）鼠的前后肢之间有如同斗篷的皮膜相连，皮膜展开后，它们甚至**可以从超过 100m 高的树上滑翔而下**。

它们看起来像是“会飞的松鼠”，但令人意外的是，它们很不擅长从树上下来。金花鼠可以头朝下、敏捷灵活地窜到地面，而鼯鼠则是**头朝上、一步一步倒退着下树**，好像在说“别推我”，磨蹭好一会儿才落到地面上。

这与其滑翔能力有关。为了承受滑翔落地时的冲击力，鼯鼠的手腕短而粗壮，无法灵活地活动。而且，鼯鼠的**体型比松鼠大得多，若是模仿身轻如燕的金花鼠下树，瞬间就会从树上栽下来**。

生物名片

哺乳类

- **中文名** 鼯鼠
- **栖息地** 亚洲热带到温带的森林
- **大小** 体长37cm
- **特点** 尾巴几乎和身体一样长

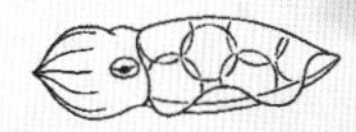

鼹鼠挖隧道的速度有时候和蜗牛的爬行速度差不多

鼹鼠会用铁锹一样的前足在土里挖洞，**但有时候挖得相当慢，1小时只能挖 80cm** 左右，堪比蜗牛爬行的速度。

挖洞是一项繁重的体力劳动，为此，鼹鼠能不挖就不挖。它们平时只在挖好的隧道里来来去去，**懒得开辟新的隧道**。

偶尔，它们稀里糊涂地挖多了，连通了隔壁鼹鼠的隧道，**狭路相逢的两只鼹鼠就会大打出手，一直追逐到地面**。可见，少挖洞才是明智之举啊！

生物名片

哺乳类

- **中文名** 本州缺齿鼹
- **栖息地** 日本的地下
- **大小** 体长14cm
- **特点** 在隧道深处营造球形巢穴，用来繁殖后代

水蚤遇险时头部会长角，但收效甚微

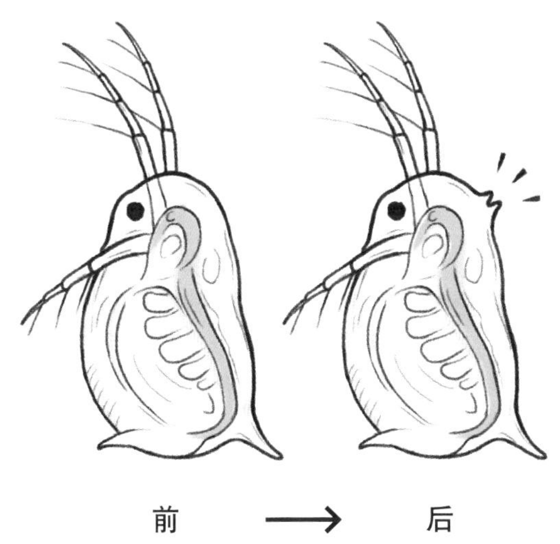

水蚤体型微小，是许多动物的食物来源。其中称得上天敌的是蚊子的幼虫，名叫孑孓（jiéjué）。水蚤是孑孓最爱的美食。

当然，水蚤可不甘心就这么默默地沦为敌人的口中食。为了抵御孑孓的捕食，它们研究出一个“秘技”——**让自己的头部长出角**。虽然只能让脑袋稍微变大一点点，但**足以让孑孓无从下嘴**。

不过，**长出角需要花费将近一天的时间**。在此之前，一旦被敌人发现，水蚤的小命就戛然而止了。

生物名片

甲壳类

■ **中文名** 蚤状溞（sāo）

■ **栖息地** 北半球的河流和湖泊

■ **大小** 体长2mm

■ **特点** 以浮游生物为食，可净化水质

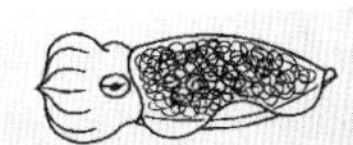

椿象会被自己的味道臭晕

在昆虫界，椿象是臭虫中的冠军。

遭到袭击时，**它们会从腿的根部释放出具有强烈刺激性气味的液体**，以此击退敌人。这种液体的臭味来自于醛（quán）类化学物质，不仅臭，还具有毒性。

如果把椿象关在狭小的容器内并加以刺激，它们**就会被自己射出来的液体臭得晕了过去**。

这时如果立刻取出椿象，不久后它们就会苏醒过来。但**如果置之不理，它们就会慢慢被自己释放的臭气熏死**。

生物名片

昆虫类

■**中文名** 小珀(pò)椿象

■**栖息地** 中国台湾和日本的森林

■**大小** 体长1cm

■**特点** 同类相聚时，释放的气味不臭

蜘蛛会乘风飞行，把一切交给命运

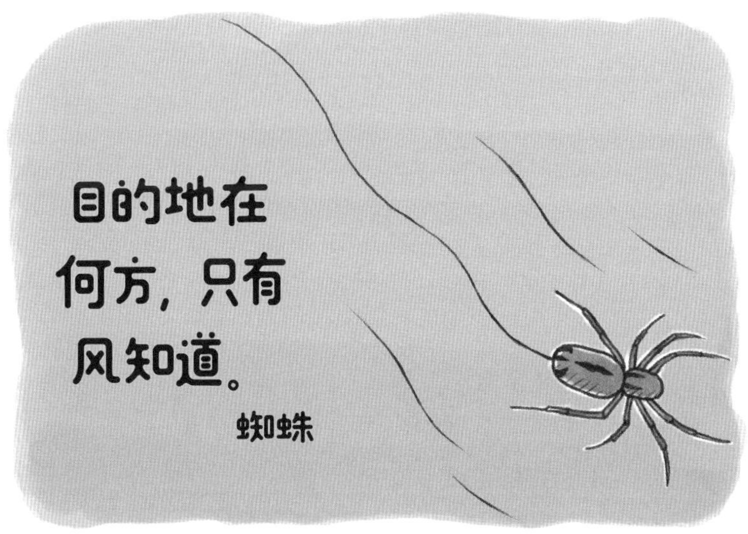

蜘蛛会吐丝结成卵囊，在里面产下卵。**幼蛛长到一定时期后，就要离家出发了**。它们利用蛛丝，像气球一样飘散到各个地方。

在刮风的日子里，幼蛛们屁股朝天吐出丝线，一旦被风捕捉住丝线，**便升空起飞，就像气球一样**。不过，它们并不知道自己将会被风带到哪里。

命运是残酷的。**它们也许会因为迟迟没有落地而饿死，也许会落入海洋溺死**。只有幸运的蜘蛛才会乘着美好的风，顺利抵达一片新的天地。

生物名片

螯肢类

■**中文名** 棒络新妇

■**栖息地** 亚洲的庭院和山地

■**大小** 体长2.5cm（雌蛛）

■**特点** 雄蛛只有雌蛛的一半大小

沙漠角蜥陷入危险时，眼睛会喷血

生活在沙漠中的沙漠角蜥，为了保护自己，不仅体色能与周围的岩石、地面融为一体，全身还长满了棘刺。即便如此，它们还是**经常会遭到鹰、蛇和郊狼的袭击**。

面对敌袭，总不能束手就擒。在生命垂危、察觉到自己“不行了”的那一刻，沙漠角蜥的**眼睛会喷血射向敌人，像发射激光一样。喷出的血液多达体内血液总量的1/4**。如果成功射中对方的眼睛，敌人就会惊恐地逃离。

然而，沙漠角蜥居住在水和食物相当匮乏的沙漠地带。有的沙漠角蜥在喷血之后无法及时补充体力，**最终因为失血过多而死**。

生物名片

爬行类

- **中文名** 沙漠角蜥
- **栖息地** 北美西南部的沙漠
- **大小** 全长10cm
- **特点** 身体扁平

哈氏异康吉鳗打架磨磨唧唧的

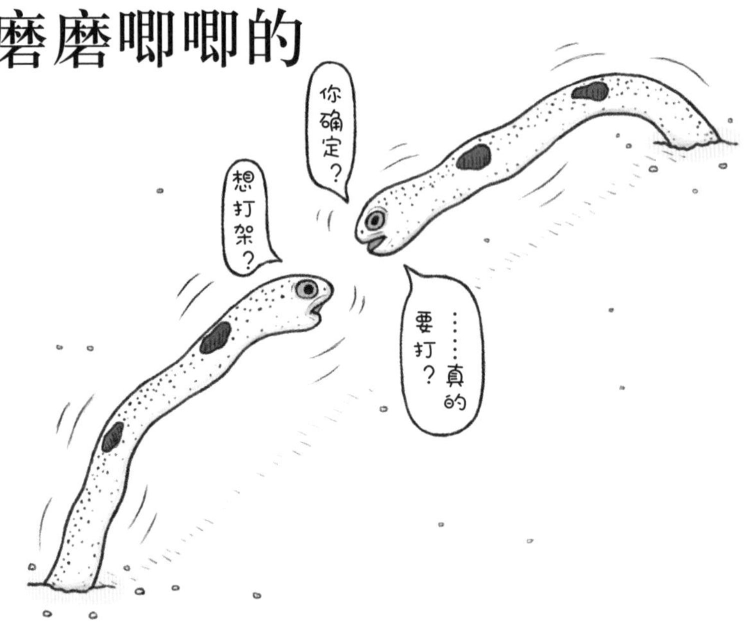

哈氏异康吉鳗也叫花园鳗，它们栖息于海底的沙地，平时喜欢将身体埋在挖好的坑中，只露出上半身，捕食浮游生物。

为了吃到更多的食物，它们会把头探得越来越高，于是**围绕探头是否越过边界的问题，时有纠纷发生**。眼看要打起来了，它们把嘴巴张得大大的，互相威吓并扭动身体，但除此之外没有其他动作。**双方都没有要从坑里出来的意思**。这是一场没有直接攻击、气氛平和的另类战争。而且说到底不过是和邻居争一口气，**就算打赢了，又有什么用呢！**

生物名片

硬骨鱼类

- **中文名** 哈氏异康吉鳗
- **栖息地** 西太平洋到印度洋的沙质海底
- **大小** 全长40cm
- **特点** 非常胆小，一旦有敌人靠近，就会缩回沙坑里

水熊虫在隐生状态下生命力超绝

150°C的高温、零下273°C的低温都打不倒，在宇宙空间能生存10天，冷冻30年后还能复活……

作为地球上生命力最强的生物，水熊虫却抵不住突如其来的干燥，一旦被干燥的急风吹干，就会迅速死去。水熊虫虽然在隐生状态（干燥休眠的状态）下生命力最强，但想要进入这一状态，它们必须花费很长时间，慢慢将体内的水分排掉。

另外，隐生状态下的水熊虫虽然能顽强地应对严酷的环境，但**身体的硬度却和跳蚤差不多，铅笔一戳就破了。**

生物名片

缓步类

- **中文名** 小斑熊虫
- **栖息地** 世界范围内的湿地或海边
- **大小** 体长1mm
- **特点** 不进入隐生状态的话，寿命约4个月

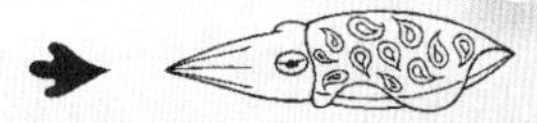

海马的最高时速只有 1.5m

海马，**又叫龙落子，正如其名，它们长得很像龙的后代**，其实是一种鱼类。海马常用卷曲的尾部缠住海藻，以免被海水冲走，而且这样**看起来像是海藻的一部分，让敌人难以发现。**

海马几乎不游泳，但当它们随海水流动，或者寻找交配对象时，还是会摆动起小小的胸鳍，缓缓地游动。

不过它们实在不擅长游泳，**游动的最高时速仅 1.5m**，几乎是鱼类中最慢的。

生物名片

硬骨鱼类

- **中文名** 小海马
- **栖息地** 加勒比海到墨西哥湾的沿岸海域
- **大小** 全长2.3cm
- **特点** 雄性生育后代

裸鼹鼠淋了尿，就会失去生育能力

裸鼹鼠集体生活在地下的巢穴中，一个鼠群大约有 100 只裸鼹鼠，其中体形最肥硕的是鼠后。**除了鼠后，其他雌鼠都不能生育，因为它们都中了鼠后的“诅咒”。**

鼠后会在巢穴中巡逻，**屡次在其他雌鼠身上小便。经此一遭，雌鼠们似乎就失去了生孩子的想法。**

鼠后死了之后，雌鼠们又恢复生育能力了。不过，当新的鼠后从中诞生，雌鼠们又会再次受到尿的诅咒，无法生育。

生物名片

哺乳类

- **中文名** 裸鼹鼠
- **栖息地** 东非的地下
- **大小** 体长8.5cm
- **特点** 体表几乎没有毛

小食蚁兽的威吓一点也不可怕

小食蚁兽最大的武器就是前掌上长而锐利的爪子。它们用前爪毁掉白蚁坚固的巢穴，以白蚁为食。

为了安全起见，小食蚁兽平常大多待在树上，需要觅食才会下到地面，这时也许会遭遇美洲狮或美洲豹等天敌。**一旦遇到危险，它们就会后肢撑地霍然站起，张开前肢威吓敌人。**

这个动作是一种彰显自己强大的迎战姿势，但正如上图，看起来一点也不可怕。实际也是如此，敌人看到这个姿势，丝毫没有退缩。小食蚁兽**一看恐吓无效，就会慢慢倒退，然后一溜烟跑掉。**

生物名片

哺乳类

- **中文名** 小食蚁兽
- **栖息地** 南美的森林和草原
- **大小** 体长70cm
- **特点** 尾巴可以卷起树枝

潜鱼寄居在海参的肛门里

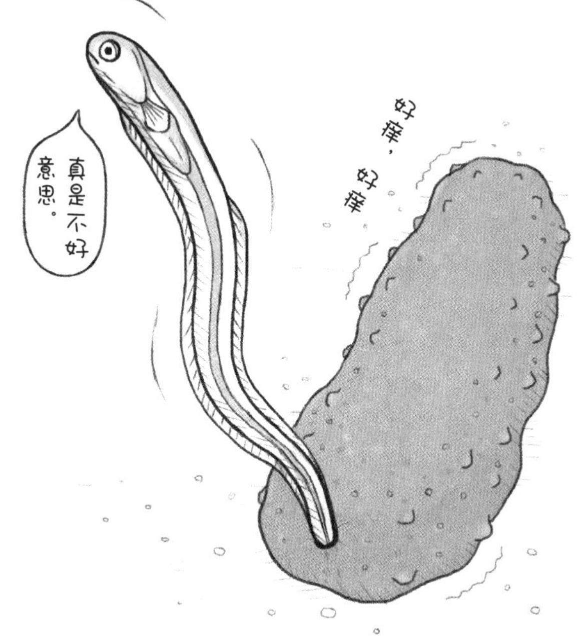

潜鱼，正如其名，**它们喜欢潜藏起来，过隐居的生活**。潜鱼白天躲在海参体内平安度日，夜晚才出来觅食，吃饱之后再钻回海参的肛门内。

潜鱼的体表光滑没有突起，从头到尾越来越细。因此，**它们出入海参的肛门时，总是由易到难，尾巴先进**。

这样的生存方式虽然保障了潜鱼的安全，**对海参来说却没有任何好处**。然而海参无法活动身体，只能默默地忍受，任由厚脸皮的潜鱼从自己的肛门自由出入。

生物名片

硬骨鱼类

- **中文名** 潜鱼
- **栖息地** 西太平洋到印度洋的浅海底
- **大小** 全长20cm
- **特点** 体表无鳞，十分光滑

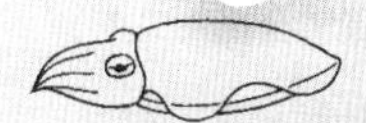

苍蝇用脚试尝味道

大多数昆虫以植物为食，只要确认眼前的食物是植物，并不在意味道如何。**让人意外的是，什么都吃的苍蝇却是个美食家**。为了选择喜欢的食物，它们的味觉非常发达。

苍蝇无法用口器感受味道，却**能用前足来品尝**。前足的末端长着许多能够感知味道的绒毛，苍蝇用它触碰一下食物，就能尝到滋味了。

或许你会有点羡慕这种超能力，但苍蝇**爱吃的基本都是动物的腐肉和排泄物**，这对人类来说，简直不堪设想。

生物名片

昆虫类

- **中文名** 家蝇
- **栖息地** 世界各地住宅的周边
- **大小** 体长7mm
- **特点** 在动物的粪便或者厨余垃圾上产卵

跳蚤擅长跳跃，却站不起来

跳蚤是动物界的跳高明星，它们跳起的平均高度是自身体长的100倍，换作人类的话，**相当于一年级小学生轻松越过30～40层高的大厦**。

如此惊人的弹跳力，要归功于跳蚤超长且发达的后腿。不过，由于后腿过于细长，**跳蚤的平衡力很差，甚至无法站立**。

跳蚤以吸食动物的血液为生，一直寄居在动物的毛发中，根本不需要站起来。因此，它们后腿的作用只是跳到动物身上而已。

生物名片

昆虫类

■**中文名** 猫栉(zhì)首蚤

■**栖息地** 世界范围内猫或狗的体表

■**大小** 体长2mm

■**特点** 寄生在猫或狗的身上，用口器刺破其皮肤吸食血液

猎豹在速度上特化过度，战斗力却很弱

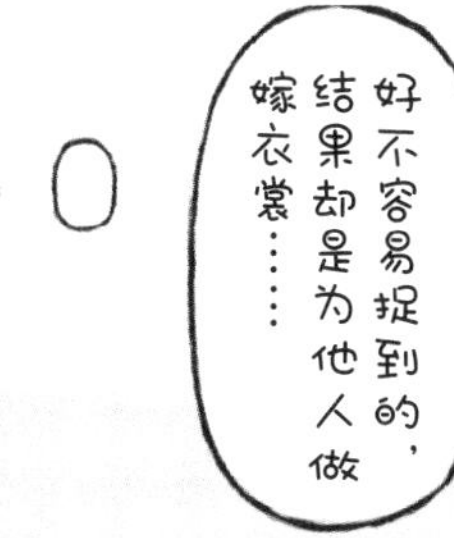

猎豹将“跑”的技能发挥到了极致。它们是陆地动物中跑得最快的，**最高速度可达每小时 100km 以上，最快加速度甚至比赛车还快。**

在追求极速的路上，沉重的身体非常碍事，于是，猎豹进化成了头小、四肢修长的模特体形。但与此同时，它们牺牲了大部分攻击力和防御力，**在众多拥有健壮体格的大型食肉动物中是最弱的。**

因此，遭到其他大型食肉动物威吓时，猎豹会立刻逃之夭夭。至于**辛苦狩得的猎物，被鬣狗等夺走是司空见惯的事。**

生物名片

哺乳类

- **中文名**　猎豹
- **栖息地**　南亚和非洲的大草原
- **大小**　体长1.3m
- **特点**　与猫是同类，但爪子不能伸缩

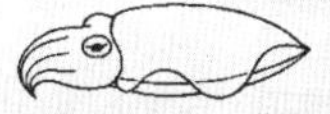

进化剧场 3

夜行动物蝙蝠的故事

大家好，我是蝙蝠。

请叫我“暗夜君王”。

夜幕降临，

鸟儿已经安静地睡去，

天空完全属于我和同伴们。

我们连续发出完美的超声波协奏，

自由地穿梭于黑暗之中，

实在是快乐无比！

你问我们为什么

要在暗夜里飞翔？

那我就满足你的好奇心，

悄悄告诉你这样一个故事……

蝙蝠本来不会飞。但在某个时刻，它们偶然间发现了什么。
利用翼手好像可以飞……
但是，天空早已被鸟群占领……
事到如今，很难加入啊！
于是，它们将目光转向了夜晚的天空。
这个时间没有鸟在飞了！
好棒！
真的呢！
就这样，“暗夜君王”诞生了。
噢耶～

索 引

介绍本书中出现的同类生物。

脊索动物

长有脊椎(脊柱)或脊索(原始的脊柱)的动物。

胎生，父母生下与自己形态相似的孩子，用乳汁喂养。恒温，用肺呼吸。

卵生，大多长有翅膀，能翱翔于天际。恒温，用肺呼吸。

爬行类

卵生，用肺呼吸。体温随周围环境温度变化。

两栖类

卵生，幼体在水中用鳃呼吸，成体变为用肺呼吸。体温随周围环境的温度变化。

硬骨鱼类

在水中生活，用鳍游泳。大多为卵生。体温随周围的水温变化。

海鞘类

在水中生活，幼体能自由游动，成体附着在岩石或海藻上。

无脊椎动物

没有脊椎或脊索，脊索动物以外的动物。

海星类

长有 5 个腕，呈星形。口器位于身体中央。

海参类

身体呈筒状且柔软。一端长有触手和口器，另一端为肛门。

昆虫类

身体分为头、胸、腹三部分。大多长有触角和翅膀，足有3对6只。

甲壳类

身体被坚硬的壳覆盖。绝大多数时间生活在水中，用鳃呼吸。

螯肢类

嘴边有名为螯肢的器官，比如钳子。脚通常有5对10只。

缓步类

在水或土中生活，一旦环境变得干燥或寒冷，便进入休眠状态。

头足类

乌贼、章鱼的同类。身体分为头、躯、腕三部分，腕从头部生出。

腹足类

螺的同类，身体柔软。多有螺形壳。

水母类

在水中生活，身体呈果冻状。漂浮于水中，用触手捕捉猎物。

参考文献

《螢之谜》，惣路纪通著（诚文堂新光社）

《水熊虫？！小小的怪物》，铃木忠著（岩波书店）

《大猩猩》，山极寿一著（东京大学出版会）

《昆虫好厉害》，丸山宗利著（光文社）

《懂得进化的动物图鉴》，柴内俊次编（holp-pub 出版）

《世界珍兽图鉴》，今泉忠明著（人类文化社）

《世界珍虫图鉴》，上田恭一郎编，川上洋一著（柏书房）

《世界爬行动物视觉图鉴》，海老沼刚著（诚文堂新光社）

《搏斗的藏酋猴的社会智慧》，小川秀司著（京都大学学术出版会）

《裸鼹鼠王后·军队·仆从》，吉田重人，冈之谷一夫著（岩波书店）

《PetitPedia Book ：世界的动物》，成岛悦雄编（amanaimages）

《PetitPedia Book ：日本的昆虫》，冈岛秀治编（amanaimages）

《企鹅教会我们的物理故事》，渡边佑基著（河出书房新社）

《不可思议的萤火虫》，大场信义著（动物社）

《水蚤——水中的小生物》，武田正伦编（akane 书房）

图书在版编目（CIP）数据

遗憾的进化 /（日）今泉忠明编；（日）下间文惠，（日）德永明子，KAWAMURA FUYUMI 绘；王雪译．-- 海口：南海出版公司，2019.8
ISBN 978-7-5442-7696-2

Ⅰ．①遗… Ⅱ．①今… ②下… ③德… ④K… ⑤王… Ⅲ．①动物－少儿读物 Ⅳ．① Q95-49

中国版本图书馆 CIP 数据核字（2019）第 084159 号

著作权合同登记号　图字：30-2019-048

遗憾的进化
〔日〕今泉忠明 编
〔日〕下间文惠　德永明子　KAWAMURA FUYUMI 绘
王雪 译

出　　版　南海出版公司　（0898）66568511
　　　　　海口市海秀中路51号星华大厦五楼　　邮编 570206
发　　行　新经典发行有限公司
　　　　　电话（010）68423599　　邮箱 editor@readinglife.com
经　　销　新华书店

责任编辑　崔莲花　郭　婷
装帧设计　李照祥
内文制作　博远文化

印　　刷　北京中科印刷有限公司
开　　本　890毫米×1270毫米　1/32
印　　张　5.5
字　　数　80千
版　　次　2019年8月第1版
印　　次　2024年9月第28次印刷
书　　号　ISBN 978-7-5442-7696-2
定　　价　49.80元